WOODEN TOY
DESIGN STRATEGY
木制玩具设计攻略

陈思宇 著

化学工业出版社
·北京·

内容提要

本书详细描述了木制玩具的生产及工艺流程，并介绍了常用选材情况，便于使用者快速掌握设计要素，避免了创意与生产脱节。本书还详细分析了儿童的生理、心理发展特点，并据此对年龄段进行了重新划分，突破了原有以3岁作为划分界限的惯例，对设计定位具有更好的指导意义。

本书所使用案例基本都属于成熟项目，落地性好，具有较强的参考价值。本书可供设计专业师生、玩具生产类企业管理人员和技术人员学习参考。

图书在版编目（CIP）数据

木制玩具设计攻略/陈思宇著． —北京：化学工业出版社，2020.8（2024.5重印）

ISBN 978-7-122-37662-6

Ⅰ.①木… Ⅱ.①陈… Ⅲ.①木制品-玩具-设计 Ⅳ.①TS958.02

中国版本图书馆CIP数据核字（2020）第165776号

责任编辑：王　烨　　　　　　　　　文字编辑：谢蓉蓉
责任校对：王素芹　　　　　　　　　装帧设计：刘丽华

出版发行：化学工业出版社（北京市东城区青年湖南街13号　邮政编码100011）
印　　装：北京天宇星印刷厂
710mm×1000mm　1/16　印张12$\frac{1}{2}$　字数144千字
2024年5月北京第1版第2次印刷

购书咨询：010-64518888　　　　　　售后服务：010-64518899
网　　址：http://www.cip.com.cn
凡购买本书，如有缺损质量问题，本社销售中心负责调换。

定　　价：88.00元

序

木制玩具设计是木制玩具生命周期中的重要一环，直接决定企业的生产效率和销售业绩。设计师不仅要具备系统的设计知识，还要非常熟悉玩具的生产工艺流程和相关设备，并对目标群体精准定位，此类书籍在国内甚少见到。

陈思宇自2002年参加工作以来，就一直从事木制玩具设计的研究和教学工作，2006年他联合企业在浙江农林大学成立了木制玩具研发中心。在他的带领下，该中心与数十家企业合作，成功开发了上百款木制玩具，不少玩具一直在热卖，同时依托该中心也培养了上百名从事木制玩具设计的学生，多数在宁波、杭州、云和等地的木制玩具企业担任高管，推动了当地木制玩具产业发展。

陈思宇在木制玩具领域十几年耕耘，如今汇集成了《木制玩具设计攻略》一书，作为他本科和研究生阶段的导师，看到他在木制玩具设计领域沉浸多年后开始著书立作欣喜非常。当我从思宇手中接过《木制玩具设计攻略》样稿后，就被该书丰满的结构、翔实的内容、丰富的案例深深吸引。

木制玩具的设计要解决两个基本问题：一是要让儿童喜欢所设计的玩具，即木制玩具要满足儿童的喜好，不仅让儿童能玩，而且要让儿童喜欢玩；二是该玩具能够陪伴儿童的身心发展，即适应该阶段儿童的生长情况，并促进生理、心理的协调发展。该著作首先介绍木制玩具概念，接下来阐述了木制玩具主要用材与配件、表面处理和生产工艺流程，然后综合分析市场现状并预测发展趋势。在上述基本理论的基础上，作者提出了木制玩具设计流程，进而重点通过研究儿童不同年龄段的发展特点，将儿童划分成"可爱玩伴""好奇萌宝"等7个阶段。作者对每个阶段的儿童的认知情况和行为特点都作了细致的分析，推导出各阶段木制玩具的设计要点，给出了每个阶段可设计的木制玩具类型，并以数个完整的木制玩具实践设计作品例证，构建了完整的木制玩具设计体系，对以上两个基本问题作出了很好的回应。

《木制玩具设计攻略》深入浅出、见解独到、图文并茂、娓娓道来，有作者坚实的设计理论作基础，也有作者大量的研发案例作支撑，可为致力于玩具设计的设计师提供借鉴，具有重要的参考价值，是一本非常值得阅读的著作。

潘荣

2020年5月于杭州

受国际国内大环境影响，传统的木制玩具行业"来样加工"的模式受到了前所未有的挑战。设计、开发具有自主知识产权产品的呼声也越来越高。然而，缺乏优秀的木制玩具设计师是目前遇到的最大问题，也成了制约我国木制玩具行业发展的瓶颈，培养优秀的木制玩具设计人员迫在眉睫。

从接触木制玩具开始，已经整整十七年。从事木制玩具的设计教学和实践工作的头几年，整体感觉"创意容易，投产难"，创意与生产和市场脱节是核心问题。幸运的是2014年借助地方科技服务机会，来到了云和和龙泉——中国的木制玩具产业集聚地。五年里，调研走访了600余家企业，结识了许多"同道中人"，从与他们的合作、交流中学习了很多，也让本人对木制玩具产业和设计有了全新的认识。

近年来，发了几篇木制玩具设计相关的拙文，但总觉得很难把设计的整个体系较为完整地进行表述。木制玩具设计是一个系统工程，其设计方法、设计流程与普通的产品设计有相似之处，同时又有很大区别。虽然材料相对固定，但消费对象多元，并且年龄跨度大，给设计师带来了不小的挑战。设计师不仅要对材料的性能、工艺有深入的了解，还要充分研究消费对象的生理、心理发展情况，同时，结合市场诉求，明确设计定位，才能研发出好的作品，换句话说，只有满足"创意—产品—商品"转化条件的设计才是好的设计。

今天，抛砖引玉，把多年从事木制玩具产业的积累一并付梓，期待更多同仁一起探讨木制玩具的设计与教育。

著者

目 录

第1篇　木制玩具的设计基础

第1章

木制玩具概述 ·· 2

1.1　木制玩具的概念 ······································· 2

1.2　木制玩具的分类 ······································· 5

1.2.1　角色扮演类 ······································· 5

1.2.2　工具类 ··· 6

1.2.3　串珠类 ··· 7

1.2.4　积木类 ··· 8

1.2.5　推拉类 ··· 9

1.2.6　交通类 ·· 10

1.2.7　拼图类 ·· 11

1.3　木制玩具的发展历程 ································· 12

第2章

木制玩具的生产要素 ····································· 17

2.1　木制玩具的主要用材 ································· 17

2.1.1　荷木 ··· 17

2.1.2 榉木·····18

2.1.3 松木·····19

2.1.4 橡胶木·····20

2.1.5 桦木·····21

2.1.6 椴木·····22

2.1.7 人造板·····22

2.2 木制玩具的常用配件·····24

2.2.1 结构件·····24

2.2.2 油漆·····26

2.3 木制玩具的生产工艺流程·····28

第3章

木制玩具市场·····32

3.1 国内木制玩具产业瓶颈·····32

3.1.1 产业结构不合理·····32

3.1.2 产品研发能力不足·····33

3.1.3 关键共性技术亟待突破·····33

3.1.4 管理、生产方式相对滞后·····33

3.2 木制玩具的发展趋势·····34

3.2.1 产品的系列化·····34

3.2.2 互动的亲情化·····35

3.2.3 款式的时尚化·····35

3.2.4 材料的多样化·····36

3.2.5 配件的通用化·····37

3.2.6 元素的本土化及风格的国际化·····37

第4章

木制玩具的设计流程 ·· 38

4.1　木制玩具设计关联要素 ·································· 38

4.1.1　安全要素 ·· 38

4.1.2　功能要素 ·· 44

4.1.3　工艺要素 ·· 45

4.2　木制玩具的设计目标用户定位 ························· 46

4.3　木制玩具的设计流程 ·································· 48

4.3.1　设计目标阶段 ·· 50

4.3.2　概念提取阶段 ·· 51

4.3.3　概念转化阶段 ·· 52

4.3.4　方案优化阶段 ·· 52

4.3.5　方案评价阶段 ·· 55

第2篇　木制玩具的设计例析

第5章

可爱玩伴 ··· 58

5.1　可爱玩伴解析 ··· 58

5.2 认知特点 ··· 58

5.3 行为特点 ··· 59

5.4 设计要点 ··· 59

5.5 玩具类型 ··· 60

5.6 摇铃玩具 ··· 60

5.6.1 原点解读 ··· 60

5.6.2 思维导图 ··· 61

5.6.3 草图风暴 ··· 62

5.6.4 初选方案 ··· 63

5.6.5 最终方案 ··· 64

5.6.6 产品效果图 ··· 65

5.6.7 设计评价 ··· 66

5.7 安抚玩具 ··· 66

5.7.1 原点解读 ··· 66

5.7.2 思维导图 ··· 67

5.7.3 草图风暴 ··· 68

5.7.4 初选方案 ··· 69

5.7.5 最终方案 ··· 71

5.7.6 产品效果图 ··· 72

5.7.7 设计评价 ··· 73

第6章

好奇萌宝 ·· 74

6.1 好奇萌宝解析 ··· 74

6.2 认知特点 ···································· 74

6.3 行为特点 ···································· 75

6.4 设计要点 ···································· 75

6.5 玩具类型 ···································· 76

6.6 积木玩具 ···································· 76

6.6.1 原点解读 ································ 76
6.6.2 思维导图 ································ 77
6.6.3 草图风暴 ································ 78
6.6.4 初选方案 ································ 79
6.6.5 最终方案 ································ 81
6.6.6 产品效果图 ······························ 82
6.6.7 设计评价 ································ 83

6.7 串珠玩具 ···································· 83

6.7.1 原点解读 ································ 83
6.7.2 思维导图 ································ 84
6.7.3 草图风暴 ································ 85
6.7.4 初选方案 ································ 86
6.7.5 最终方案 ································ 88
6.7.6 产品效果图 ······························ 89
6.7.7 设计评价 ································ 92

第7章

超级模仿 ··· 93

7.1 超级模仿解析 ······························· 93

7.2 认知特点 ·· 93

7.3 行为特点 ·· 94

7.4 设计要点 ·· 94

7.5 玩具类型 ·· 95

7.6 公仔周边玩具 ···································· 95

7.6.1 原点解读 ·· 95

7.6.2 思维导图 ·· 96

7.6.3 草图风暴 ·· 97

7.6.4 初选方案 ·· 98

7.6.5 最终方案 ······································· 100

7.6.6 产品效果图 ····································· 101

7.6.7 设计评价 ······································· 102

7.7 欢乐农场 ··· 102

7.7.1 原点解读 ······································· 102

7.7.2 思维导图 ······································· 103

7.7.3 草图风暴 ······································· 104

7.7.4 初选方案 ······································· 106

7.7.5 最终方案 ······································· 107

7.7.6 产品效果图 ····································· 108

7.7.7 设计评价 ······································· 110

第8章

童心所向 ·· 111

8.1 童心所向解析 ································· 111

8.2 认知特点 ·· 111

8.3 行为特点 ·· 112

8.4 设计要点 ·· 112

8.5 玩具类型 ·· 113

8.6 工具架 ··· 113

8.6.1 原点解读 ·· 113

8.6.2 思维导图 ·· 114

8.6.3 草图风暴 ·· 115

8.6.4 初选方案 ·· 116

8.6.5 最终方案 ·· 118

8.6.6 产品效果图 ·· 119

8.6.7 设计评价 ·· 122

8.7 幼儿玩具车 ·· 122

8.7.1 原点解读 ·· 122

8.7.2 思维导图 ·· 123

8.7.3 草图风暴 ·· 124

8.7.4 初选方案 ·· 125

8.7.5 最终方案 ·· 127

8.7.6 产品效果图 ·· 128

8.7.7 设计评价 ·· 129

第9章

情景再造 ·· 130

9.1 情景再造解析 ·· 130

9.2　认知特点 ································· 130

9.3　行为特点 ································· 131

9.4　设计要点 ································· 131

9.5　玩具类型 ································· 132

9.6　交通情境玩具 ···························· 132

9.6.1　原点解读 ······························· 132

9.6.2　思维导图 ······························· 133

9.6.3　草图风暴 ······························· 134

9.6.4　初选方案 ······························· 136

9.6.5　最终方案 ······························· 138

9.6.6　产品效果图 ····························· 139

9.6.7　设计评价 ······························· 141

9.7　开封传奇·情景木制玩具 ················ 141

9.7.1　原点解读 ······························· 141

9.7.2　思维导图 ······························· 142

9.7.3　草图风暴 ······························· 143

9.7.4　初选方案 ······························· 145

9.7.5　最终方案 ······························· 147

9.7.6　产品效果图 ····························· 148

9.7.7　设计评价 ······························· 151

第10章

挑战自我 ································· 152

10.1　挑战自我解析 ·························· 152

10.2　认知特点 ·· 152

10.3　行为特点 ·· 153

10.4　设计要点 ·· 153

10.5　玩具类型 ·· 154

10.6　DIY架子 ·· 154

10.6.1　原点分析 ······································· 154

10.6.2　思维导图 ······································· 155

10.6.3　草图风暴 ······································· 156

10.6.4　初选方案 ······································· 157

10.6.5　最终方案 ······································· 159

10.6.6　产品效果图 ····································· 160

10.6.7　设计评价 ······································· 162

10.7　桌游 ·· 162

10.7.1　原点解读 ······································· 162

10.7.2　思维导图 ······································· 163

10.7.3　草图风暴 ······································· 164

10.7.4　初选方案 ······································· 165

10.7.5　最终方案 ······································· 166

10.7.6　产品效果图 ····································· 168

10.7.7　设计评价 ······································· 169

第11章

大收藏家 ·· 170

11.1　大收藏家解析 ···································· 170

11.2 认知特点 ································ 170

11.3 行为特点 ································ 171

11.4 设计要点 ································ 172

11.5 玩具类型 ································ 172

11.6 小小驾驶员 ······························ 172

11.6.1 原点解读 ···························· 172

11.6.2 思维导图 ···························· 173

11.6.3 草图风暴 ···························· 174

11.6.4 初选方案 ···························· 176

11.6.5 最终方案 ···························· 177

11.6.6 产品效果图 ·························· 178

11.6.7 设计评价 ···························· 180

后记 ·· 181

参考文献 ····································· 183

第 1 篇

木制玩具的设计基础

　　木制玩具是玩具领域的一个分支，其设计方法、设计流程与普通玩具的设计既有相似之处，同时又有很大区别。虽然木制玩具的材料相对固定，但消费对象多元，并且年龄跨度大，因而给设计师带来了不小的挑战。

　　本篇从木制玩具概述及木制玩具的生产要素、市场、设计流程四个角度展开，首先阐述了木制玩具的概念、分类和发展历程，接着讲述了木制玩具的主要用材、常用配件及工艺流程，然后分析了木制玩具的产业瓶颈及发展趋势，最后说明了木制玩具的设计关联要素、设计目标用户定位及设计流程。

第1章　木制玩具概述

1.1　木制玩具的概念

　　在孩子认知周围世界的过程中，玩具起到了极大的辅助作用。玩具以鲜艳的颜色、奇异的造型、悦耳的声响吸引孩子的注意力，以多样的种类、多变的玩法激发他们的创造力。好的玩具能激发孩子的游戏欲望，是他们学习中的教科书、生活中的好伙伴（图1-1）。

图1-1　琳琅满目的木制玩具

我国是木制玩具生产大国，制造了全球70%以上的玩具。受国际环境的影响，玩具行业"来样加工"的模式遇到了前所未有的挑战，设计开发出具有自主知识产权产品的呼声也越来越高。然而，生产商实力不足、新产品开发人才缺乏、品牌效

图1-2　木制玩具

应差等是目前遇到的最大问题，也是制约我国玩具行业发展的一个瓶颈。

在玩具行业中，木制玩具一直被认为是十分传统、怀旧味道相当浓郁且长久不衰的产品，其独特的质感、肌理、安全性能为其他材质的玩具所不及（图1-2）。

木制玩具一般由木材或合成木材制作而成。近年来，随着竹材加工技术的成熟，探索全竹和竹木复合玩具已成为一种趋向，因此以木、竹、藤等为基础材料制作的玩具一般统称为木制玩具（图1-3）。

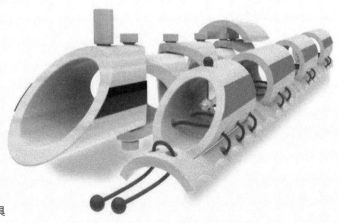

图1-3　全竹玩具

　　木材是能够次级生长的植物，如乔木和灌木。这些植物在初生生长结束后，根茎中的维管形成层开始活动，向外发展出韧皮，向内发展出木材。木材是维管形成层向内发展出植物组织的统称，包括木质部和薄壁射线。一般来说，木材泛指用于工民建筑的木质材料，对人类的生活起着很大的支撑作用。根据木材的不同性质和特征，人们将它们用于不同途径。

　　在日常生活中，我们经常能听到关于木材的一些词汇，如原木、实木、人造板等，其实这些都是木材使用的不同阶段。原木是指伐倒的树干经打枝和造材后的木段（图1-4）；实木是指材料取自森林的天然原木或者实木集成材（也称实木指接材）或实木齿接材（图1-5）；而人造板则是指以木材或其他非木材植物为原料，经一定机械加工分离成各种单元材料后，施加或不施加胶黏剂和其他添加剂胶合而成的板材或模压制品。

　　随着制造技术的发展以及人们环保意识的增强，传统的、粗放式的单纯利用原木制作产品的现象已越来越少，人造板由于其易加工和利用率高的特点而得到广泛使用。

图1-4　原木板材

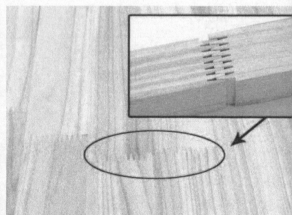

图1-5　实木齿接材

4

1.2　木制玩具的分类

木制玩具的分类方法有很多，一般可以根据年龄段、功能（玩法）或外观类型进行分类。

根据年龄段，即人的成长过程中对应的生理及心理变化的不同，可将木制玩具分为儿童类、成人类及老年人类。

根据功能（玩法）的不同，一般可将木制玩具分为娱乐类、智力开发类、健身类、疗伤类等。

根据外观类型的不同，一般可将木制玩具分为角色扮演类、工具类、串珠类、积木类、拖拉类、交通工具类、拼图类等。

下面就第三种分类方法做一些简要分析。

1.2.1　角色扮演类

在角色游戏中，儿童会扮演不同的角色，并通过各种语言、动作、形象等来展现其身份，这一过程就是对社会身份的初步体验。

儿童学会交往并善于交往是教育的一个重要组成部分，而角色游戏正是培养孩子们养成正确的交往行为的一种游戏活动。

孩子们在游戏中模仿着成人的言行举止，体验着成人的感受。这种初步体验，对孩子们承担未来社会的真正角色有着深刻的意义。

图1-6和图1-7所示是以某小镇为主题的场景规划和场景玩具，以"警察局"为中心，延展出"教堂""汽修厂""小型飞机场""农家小院"等小场景，并通过四通八达的公路把这些小场景串联起来。也可以取某一人物为对象，围绕其生产、生活展开角色扮演和体验。此场景可以根据需要无限延展，一方面拓宽了产品研发思路，另一方面增加了角色及游戏的体验性。

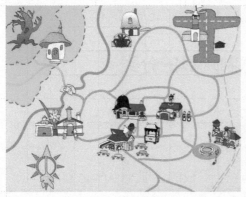

图1-6　小镇场景规划　　　　　　　　　　　　　图1-7　小镇场景玩具

1.2.2　工具类

工具类玩具的主要功能是让使用者在认识和掌握各种工具的形状、颜色和构造的过程中，通过娱乐来训练他们的实际动手能力以及手眼协调能力，进而提高他们的认知能力、分析能力和想象力。

敲打类玩具就是其中最具代表性的产品（图1-8和图1-9），它不仅能帮助孩子们识别各种颜色及造型，还能锻炼他们的手眼协调能力。在使用的过程中，孩子们必须适时准确判断红球滚落的时间，然后才能敲打。

图1-8　敲打类玩具一　　　　　　　　　　　　　图1-9　敲打类玩具二

1.2.3 串珠类

串珠类玩具一般适用婴幼儿，通过练习可以锻炼孩子们的手眼协调能力、双手的协作与配合能力及手的精巧性，让他们的手腕更灵活。同时，通过对串珠进行简单的加减运算，根据形状进行配对、分类等，还可以帮助他们掌握计数技巧，提升计数能力（图1-10和图1-11）。

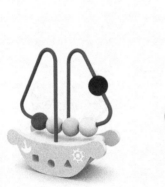

图1-10　串珠类玩具一

图1-11　串珠类玩具二

1.2.4 积木类

积木类玩具适用年龄段比较广，因其单体数可以不断增加，故而玩法多样。积木由儿童自己动手创作，因此能锻炼他们的空间想象能力和手眼协调能力，尤其是能帮助低龄儿童理解几何形状、数量的概念，培养他们对形状和颜色的分类能力（图1-12和图1-13）。

图1-12 积木

图1-13 积木拼板

1.2.5 推拉类

推拉类玩具的主要功能是为幼儿学习走路、协调身体平衡等提供辅助，能有效提高幼儿的认知能力，同时还可以锻炼幼儿在大范围内的活动能力（图1-14和图1-15）。

图1-14 拖拉猴子

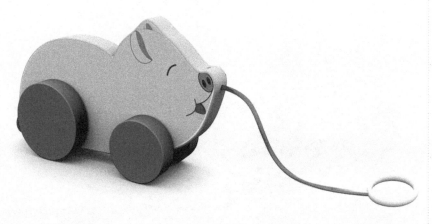

图1-15 拖拉小猪

1.2.6　交通类

以交通场景为原型演化出来的玩具，其市场占有量很大，迎合了儿童的喜好。

儿童通过拼搭可以了解车辆各个部件之间的关系，通过组合各个部件可以了解形体之间的变换关系。同时，通过组装、拖拉和整理等步骤还能提高动手意识和生活自理能力（图1-16和图1-17）。

图1-16　轨道火车

图1-17　玩具铲车

1.2.7 拼图类

　　拼图一般都是由形式各异、内容不同的模块通过拼板组成的，这类玩具能锻炼儿童对图形的组合、拆分、再组合能力，培养其独立思考、持之以恒的精神及耐心（图1-18和图1-19）。

图1-18　平面拼图

图1-19　立体拼图

11

1.3 木制玩具的发展历程

　　木制玩具是玩具中的一大门类，它出现于历史发展的各个阶段。在众多的文化形态和悠久的历史长河中，德国的木制玩具独树一帜。早在1700年，德国的百希加登和尚堡地区的能工巧匠就成批雕制小动物，并运到纽伦堡去销售，这些价廉物美、栩栩如生的木制小玩意称为纽伦堡小玩物，深受人们喜爱。约在1800年之后，随着皮带车床等加工设备的出现，这些木制小动物的款式越来越多，甚至成套出现，原来作为圣诞节摆设的玩偶也变成了真正意义上的木制玩具。早期由木头雕刻的玩具中最流行的是各类马的形象，有木马、木马拖拉玩具等。随着时间的推移，匠人们对木马玩具的制作热情有增无减，而且已经由单纯的木马玩具制作发展到火车、轮船、汽车甚至飞机造型的木制玩具制作。

　　19世纪50年代，在欧洲与美国出现了大规模生产的积木与拼板。当时积木和拼板的表面装饰采用两种技术：一种是蜡印技术，另一种是平板印刷。如今，取而代之的是丝网印刷和热转印（图1-20和图1-21）。

图1-20　丝网印刷　　　　　　　图1-21　热转印

在我国，传统玩具艺术源远流长，现今发现的中国最早的传统玩具产生于新石器时代。经过数千年的传承、创新与发展，中国传统木制玩具逐渐形成了自己鲜明的特色，不仅韵味十足，还具有深厚的文化底蕴和浓郁的生活气息。前人将数学、哲学、空间等原理融入玩具中，其寓教于乐、寓教于玩的特点一直为人们所津津乐道，如五连环、鲁班锁、七巧板、华容道等就是传统玩具的典型代表（图1-22和图1-23）。时至今日，中国虽已成为玩具生产大国，但并不是玩具生产强国，缺乏自主知识产权成为制约产业发展的一大瓶颈。

图1-22　五连环

图1-23　鲁班锁

其实对于中国所谓的玩具，国外并不用"TOY"来称呼，而是习惯称之为"HOBBY"，意思就是"业余爱好，小玩意"，这种称呼似乎更贴切地表明了玩具的真正含义。"HOBBY"几乎包含了连同我们所称的"玩具"在内的各类玩偶，甚至工艺品。实际上几乎所有的"HOBBY"产品，无论是日系还是美系都有一定的渊源，一般不是出自动画、漫画、游戏，就是出自电影、小说、电视剧等。其中又以出自日本动漫题材的产品为最多，也最能代表周边产品的发展历程。

20世纪六七十年代，日本动画虽然已经非常成功，且在当时诞生了《森林大帝》《铁臂阿童木》等许多优秀的动漫作品（图1-24和图1-25），但商业化程度较低，基本上都是伴随着动画发行一些出版物或者年龄层较低的儿童用品。

图1-24 动画片《森林大帝》

图1-25 动画片《铁臂阿童木》

从80年代开始，动漫商业化程度逐渐提高，而精明的商家也开始看重动画片播放之外的附加价值，即通过人们对一部作品的迷恋来促使他们收集相关纪念品。这时候的两部作品可以说给整个衍生产品带来了极大的影响：一部是《机动战士高达》，另一部则是宫崎骏的作品《龙猫》（图1-26）。《机动战士高达》的深刻写实剧情获得了巨大成功，它带来的社会影响也已经超越了一般的低龄观众，使相当多的年轻观众甚至成年人都成为其FANS。由于产生了许多这样具有很强购买力的爱好者，以往仅仅是迎合小孩喜好的动漫副产品已经不能满足市场的需要，于是BANDAI公司立即调整策略着手开发一些相对来说品质更好、价格更高的副产品，以满足较高年龄层观众的需要。从这个时候，动漫的副产品便开始向成人市场扩张，无论是品质还是类型都比以前有了较大的提升（图1-27）。

图1-26　动画片《龙猫》

图1-27　《龙猫》衍生产品

　　90年代初，德国的木制玩具经销商由宁波港前来中国建厂，带动了浙江木制玩具行业大发展。今天，木制玩具在中国的主要产地有浙江的宁波、云和、黄岩、泰顺等，江苏的泗阳县及北京、山东、广东、福建等地亦有零散分布。

　　其中，浙江的云和县已经成为木制玩具生产最集中的地方，全县现有木制玩具企业（图1-28）600多家，生产木制玩具产品十大

图1-28　云和县木制玩具企业

门类3000多个品种，可分为成人型木制玩具、儿童型木制玩具、智力型木制玩具、实用型木制玩具等多种类型，产品的90%以上远销欧、美、东南亚等国家和地区，出口量占全国同类产品的70%以上，2003年被授予"中国木制玩具城"荣誉称号，辐射带动周边龙泉、景宁等区域成为国内木制玩具的集散地。

第2章　木制玩具的生产要素

材料、加工工艺及零配件是玩具的物质技术条件，也是玩具生产的基础和前提，自然就与木制玩具的生产密切相关。设计通过材料及工艺转化为实体产品，材料及工艺通过设计实现其自身的价值。任何一款玩具产品，只有与选用材料的特点及其加工工艺的性能相一致，且零配件达到结构要求，才能实现设计的目的。

2.1 木制玩具的主要用材

在木制玩具的生产过程中，由于材料的性质及对玩具安全性的要求不同，选材的空间往往较大，但仍要综合考虑材料的加工特性、面饰工艺、价格、密度、含水率、变形率、胶水的有害物含量等要素。目前，木制玩具的主要用材有荷木、桦木、榉木、松木、椴木以及人造板等。

2.1.1 荷木

荷木又称木荷、荷树，属大乔木，树高可达25米，胸径1米。树皮灰褐色，块状纵裂。叶革质，椭圆形，先端渐尖或短尖，基部楔形，嫩枝通常无毛。老叶入秋均呈红色。5—7月开肥大白色或淡红色的芳香之花，种子扁平、呈肾形、边缘具翅。木荷既是一种优良的绿化、用材树种，又是一种较好的耐火、抗火、难燃树种（图2-1和图2-2）。

图2-1　荷木木纹　　　　　　　　　　　图2-2　荷木玩具

木荷为亚热带树种，好生于气候温暖湿润的地方，在肥沃、排水良好的酸性土质中生长良好，在碱性土质中生长不良。木荷在我国安徽、浙江、福建、江西、湖南、四川、广东、贵州、台湾等省均有分布。

木荷树干通直，材质坚硬，呈浅灰色，纹理直，是纺织工业中制作纱锭、纱管的上等材料；有耐腐、耐磨特性，又是桥梁、船舶、车辆、建筑、农具、家具、胶合板等的优良用材。

2.1.2　榉木

榉木又称"椐木"或"棋木"，属落叶乔木，有时树高可以达到25米。树皮坚硬，枝很细。春天会开淡黄色小花，雌雄同株。开花后结三角形果实。据《中国树木分类学》记载：榉木产于江浙者为大叶榉树，别名"榉榆"或"大叶榆"。木材坚致，色纹并美，用途极广，颇为贵重。其老龄而木材带赤色者，特名为"血榉"。如果从弦切面剖开，有的榉木纹理大而美丽，色调酷似花梨木。

榉木主要产于我国南方，有时也称为南榆，在传统家具中使用非常广泛（图2-3和图2-4）。

图2-3 榉木板材

图2-4 榉木玩具

榉木质地细腻，密度较大，坚固耐冲击，抱钉性能好，由蒸汽加热后可弯曲，所以容易造型。其质地均匀，色调柔和，纹理流畅清晰。它较很多普通的硬木重，在木材的硬度排行上处于中等偏上水平。

目前，国内木材市场出售的榉木多为进口，产地为欧洲和北美地区，木质性能稳定，属于中高档次的家具、玩具用材。

2.1.3 松木

松木是常绿针叶乔木，雌雄同株。枝轮生，每年生一节或数节，冬芽显著，芽鳞多数。芽鳞、鳞叶（原生叶）、雄蕊、苞鳞、珠鳞及种鳞均呈螺旋状排列。鳞叶单生，幼时线形、绿色，随后逐渐退化成褐色，膜质苞片状，在其腋部抽出针叶（次生叶）；针叶2、3或5针一束，生于不发育的短枝上，每束针叶的基部被膜质叶鞘所包围。

松材一般具有松香味、色淡黄、节疤多、对大气温度反应快、容易胀大、极难自然风干等特性，故需经人工处理，如烘干、脱脂去除有机化合物，漂白统一树色，中和树性，使之不易变形（图2-5和图2-6）。

图2-5 松木板材   图2-6 松木玩具

在生产玩具时，更多地会选择辐射松（新西兰松）。这种松木在生长过程中基本上不经人工修剪，所以板料中留有结疤等自然生长痕迹，在制成成品后，能充分展现出材料自然、真实、厚重的质感。

2.1.4 橡胶木

橡胶木是橡胶树的主干，是乳胶的原料来源。实生树的经济寿命为15～20年，芽接树为15～20年，生长寿命约20年。它主要分布在东南亚，我国境内广西、云南、海南也均有分布。

橡胶木木质结构粗且均匀，纹理斜，木质较硬，被公认为是世界上用途最广泛的实木之一（图2-7和图2-8）；颜色呈浅黄褐色，年轮明显，轮界为深色带，管孔甚少。橡胶木由于其独特的装饰效果、大众化的价格而成为家具行业中性价比较高的新型材料，被越来越多的消费者所喜爱。

图2-7 橡胶木板材

图2-8 橡胶木玩具

2.1.5 桦木

桦木属桦木科桦木属，是约40种观赏或材用乔木和灌木的通称，遍布于北半球寒冷地区。

桦木树皮平滑，含树脂，白色或杂色，有横走的皮孔。幼树短而纤细的枝条上举，呈窄塔形树冠；老树枝条水平而常下垂。叶呈卵形或三角形，通常尾尖，叶缘具齿，互生于小枝上，常为亮绿色，秋天变黄。

玩具生产中一般用白桦较多，纹理直且明显，材质结构细腻而柔和、光滑，质地较软或适中。桦木富有弹性，干燥时易开裂翘曲，不耐磨。其加工性能好，切面光滑，油漆和胶合性能好（图2-9和图2-10）。

图2-9 桦木板材

图2-10 桦木玩具

21

2.1.6　椴木

椴木为普通木材，树干直且挺拔，由于缺陷较少，所以出材率高；材色较浅，空隙较大，容易染色或漂白；干缩性低，干后不变形不开裂，硬度稍低，不甚耐磨及抗碰抗压；抱钉能力很强。

在玩具生产中，较适合用作需要以钉固定的结构件。经过磨砂或抛光工序，能得到非常好的平滑表面，便于进行涂饰（图2-11和图2-12）。

图2-11　椴木板材　　　　　　　　　　图2-12　椴木玩具

椴木重量轻，比强度较低，芯材抗腐蚀力差，白木质较容易受虫蛀，一般可以通过渗透防腐处理剂来防治。椴木一般为黄白色，纹理很直，有特殊光泽和柔软感，后期加工性能良好。

2.1.7　人造板

人造板是以原木、刨花、木屑、废材及其他植物纤维为原料，经过机械或化学处理制成的板材。与木材相比较，人造板材既保持了天然木材的优点，又可以合理地利用木材资源，做到小材大用、劣材优用，从而解决天然木材资源不足与缺陷较多的问题。

人造板材具有幅面大、质地均匀、表面平整光滑、变形小、美观耐用、易于加工等优点，被广泛用于玩具生产中。人造板材的种类很多，玩具生产中最常见的有胶合板、密度板等。

（1）胶合板

胶合板也称夹板，由三层或多层1毫米厚的单板或薄板胶贴热压制而成，是木制玩具常用的材料。夹板一般分为3厘板、5厘板、9厘板等多种规格（注：1厘即1毫米）（图2-13和图2-14）。

图2-13　胶合板板材　　　　　　　　图2-14　胶合板玩具

其对称、奇数层的特点使该类板材具备结构稳定，不易形变、开裂，幅面大，施工方便，横纹抗拉力学性能好，可以热压成型等优点，故被大量用在玩具的一些需要承重、变形等部位。

（2）密度板

密度板的全称为密度纤维板，是以木质纤维或其他植物纤维为原料，经纤维制备、施加合成树脂、在加热加压的条件下压制成的板材，按其密度可分为高密度纤维板、中密度纤维板和低密度纤维板（图2-15和图2-16）。在玩具生产中，中密度纤维板应用最为广泛，其名义密度范围在0.50 ~ 0.88克/立方厘米。

图2-15　密度板板材　　　　　　　　　　图2-16　密度板玩具

密度板除了具备结构均匀、材质细密、性能稳定、耐冲击、易加工等优点之外，还有以下特点。

① 力学性能好，尤其是静曲强度、内结合强度、弹性模量、板面和板边抱钉力等性能突出，很适合做玩具的框架结构件。

② 表面平整，由于多孔，油漆附着力强。可以进行粘贴旋切单板、刨切薄竹、油漆纸、浸渍纸等装饰面材，达到异材同质的效果。

③ 幅面较大，一般规格板为1220毫米×2440毫米，板厚可在2.5～35毫米范围内变化。

④ 容易制作成各种形状的玩具零部件。由于表面平整，如果加工成曲线边，可不封边而直接进行涂装涂饰处理。

⑤ 根据特殊需求，也可在生产过程中加入防水、防火、防腐、防霉等药剂。

2.2 木制玩具的常用配件

2.2.1 结构件

按照功能不同，木制玩具的常用结构件大致可以分为螺钉（铁钉）类、柱类、合页类和滚轮及把手类等。由于金属结构件硬度好、牢固且便于安装等，在木制玩具生产中一般用得比较多。

螺钉（铁钉）类结构件一般用来紧固板坯，如果是为了便于包装运输，则经常会让消费者或者经销商自行组装玩具，这时候配一把小型的六角螺钉扳手就会显得非常人性化（图2-17）。

柱类结构件用来连接两个或两个以上的部件，主要用在某个部件需要活动，而又不影响玩具整体牢固性的时候（图2-18）。

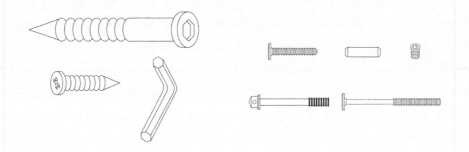

图2-17 螺钉类结构件　　　　　　　图2-18 柱类结构件

合页类结构件主要用在门窗等某个部件需要活动的部位（图2-19）。

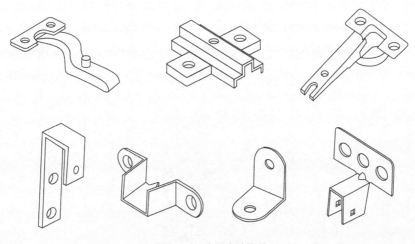

图2-19 合页类结构件

滚轮及把手类结构件主要被安装在儿童小家具上（图2-20）。

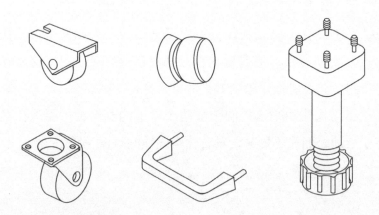

图2-20　滚轮及把手类结构件

随着加工技术的进步及成本的下降，目前有很多金属结构件已被更安全实用的塑料件代替。

2.2.2　油漆

在木制玩具生产中，油漆的选择和施工与产品的品质密切相关。基于环保的要求，目前绝大部分企业都采用水性漆替代传统的硝基油性漆。

水性漆使用水作为稀释剂，挥发少，气味轻，在生产过程中对工人的身体健康伤害较小。但相较于油性漆，水性漆的干燥速度会更慢，所以对温度和湿度的控制是水性漆施工过程中需要关注的重点。

图2-21　色彩丰富的水性漆

水性漆种类多样（图2-21），目前应用较广的是丙烯酸水性漆，其性能和硝基油性漆差不多，漆面也会出现粘连、发白等现象。另外，聚氨酯水性漆的性能较好，但其价格较贵，故应用不多。

就木制玩具表面漆施工工艺而言，采用不同的油漆其方法也有细微差别。进行水性漆涂饰一般要经过以下几个步骤。

（1）表面预处理

对于一般的底材，表面要求干净、干燥、无油脂、无尘污和无松散物质。对于未上漆的原木，要求必须先对木上的油脂作处理，清除干净后再用砂纸彻底打磨光滑，以获得最佳的效果。如果已涂过油漆，必须将原有的漆彻底打磨干净，以达到接近原木的效果（图2-22）。

（2）施工

可以采用淋涂、喷涂或刷涂的方式作用于木件表面（图2-23），对于平板结构物件还可以采用滚涂的方式。待前道涂料干透以后，用砂纸轻轻打磨平滑，方可涂刷后道漆。传统的滚漆生产线由于污染较大，现在使用较少（图2-24和图2-25）。

图2-22 木制构件打磨

图2-23 喷漆

图2-24 滚漆

图2-25 滚漆产品

（3）注意事项

避免5℃以下施工，建议10℃以上施工；下雨天湿度高，干燥速度比较慢；含油脂高的底材一定要先打磨后上漆，否则影响附着力；腻子可以直接用刮刀在木器表面刮涂进行施工；对于调色色精的使用，一般遵循"底着色，面修色"原则，在底漆中加入色精，喷涂后可以让颜色充分渗透到木材中，展现出原木的天然色调。如果对颜色不满意，可在二道底漆或者面漆中加入色精进行修色。

2.3 木制玩具的生产工艺流程

木制玩具的生产一般需要十几道工序，按照车间布局大致可以分为白坯生产、上色、装配、包装等四个阶段（图2-26）。

白坯就是没有经过装饰、喷涂、上色等工序的木制模型（图2-27和图2-28）。此阶段一般需要经过下料、平刨、磨光、打孔（铣槽、开榫）、修补等工序，主要设备有开料锯、台钻、抛光机、砂光机、修边机、裁板锯、雕刻机、仿形镂铣机、除尘设备等。

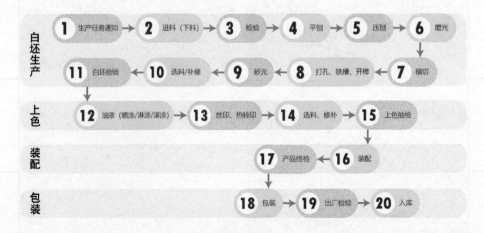

图2-26 木制玩具的生产工艺流程

图2-27 开料

图2-28 白坯生产

上色即为白坯附上各种颜色。此阶段一般需要经过喷漆（滚漆）、丝印（转印）等工序，主要设备有喷涂流水线、淋涂流水线、滚涂流水线、涂装吊篮、喷漆废水处理设备、转印机、丝网印刷架、打标机等（图2-29 ~图2-32）。

图2-29 滚涂流水线

图2-30 涂装吊篮

图2-31 淋涂流水线

图2-32 喷涂流水线

装配即按照规定的技术要求，将若干个零件接合成部件或将若干个零件和部件接合成成品。此阶段需要的手工操作较多，主要设备有自动锁螺钉机及流动工作台等（图2-33和图2-34）。

图2-33　装配检验　　　　　　　　　　　　　图2-34　装配

包装即将产品按照要求进行包装，主要设备有吸塑机、薄膜封切机、折盖封箱机、角边封箱机等。包装车间如图2-35和图2-36所示。

图2-35　包装车间一　　　　　　　　　　　　图2-36　包装车间二

玩具生产常用设备如表2-1所示。

表2-1　玩具生产常用设备

序号	名称	车间
1	开料锯	白坯车间
2	横切机	
3	台钻	
4	四面刨	

续表

序号	名称	车间
5	磨光机	
6	抛光机	
7	铣床	
8	刨床	
9	砂光机	
10	雕刻机	
11	裁板锯	白坯车间
12	修边机	
13	台锯	
14	数控雕刻机	
15	数控钻孔中心	
16	砂带机	
17	智能热转印机	
18	污水处理设备	
19	过油流水线	
20	水帘机	
21	静电喷涂流水线	
22	吊篮喷涂流水线	
23	地线喷漆流水线	上色车间
24	转印机	
25	智能三轮涂布机	
26	智能环保水性漆滚涂线	
27	智能环保水性漆雾高效湿式洗涤塔	
28	网架	
29	边封收缩包装机	
30	自动开箱封底机	
31	全自动折盖封箱机	
32	自动角边封箱机	包装车间
33	收缩包装机	
34	收塑机	

第3章　木制玩具市场

近年来，随着社会经济的发展和人们生活水平的提高，木制玩具市场得以蓬勃发展，市场需求正在逐步扩大。而且随着教育观念的转变与更新，"寓教于乐""寓教于玩"的教育理念正在被更多的家长所接受，可以说环保、安全的木制玩具市场蕴藏着巨大潜力。

目前，国内外木制玩具市场发展迅速，对产品的需求也不断增加。欧、美、日等成熟市场仍具发展空间，而俄罗斯、东盟等新兴市场由于消费能力的增长，对木制玩具的需求也逐渐扩大。与此同时，国内市场的销售前景也逐渐广阔，木制玩具市场的占有率正逐步上升。

3.1　国内木制玩具产业瓶颈

国内木制玩具产业，主要面临着产业结构、创新能力、管理水平、生产方式等方面的问题。

3.1.1　产业结构不合理

目前，国内整个产业投资较为分散、重复，有较强竞争力的大型骨干企业较少，绝大多数企业由于缺乏自主品牌，还是以"来样加工"或"来料加工"为主。在产品线分布上，以积木、画板等资源密集型和劳动力密集型为主。一方面，国内玩具标准主要参照国际通用标准制定，大部分指标低于欧美标准，国际认可度不高。另一方面，国内企业没有主动研究和制定具有国际认可度的标准，致使出口产品只能按照输入国标准生产，必须接受对方检验，导致大部分企业只能贴牌生产，从而丧失了市场主导权。

3.1.2　产品研发能力不足

提高自主创新能力作为调整产业结构、转变增长方式的中心环节，是产业发展的重中之重。但国内绝大多数木制玩具企业都脱胎于小作坊，缺乏自主研发能力，以致产品同质化严重、内部竞争激烈。从主观上看，许多企业缺乏自主创新意识，满足于贴牌生产的微薄利润。从客观上看，国内玩具设计起步较晚，木制玩具研发设计人才严重匮乏。

3.1.3　关键共性技术亟待突破

木制玩具产业是正在转型升级的传统产业，产品结构体系还不够完善，自主创新能力还有待进一步提升，且较多的关键共性技术有待突破。企业无法掌握关键工艺技术，从一定程度上阻碍了产品的生产，降低了产品的生产效率，使产业难以提升到一个新的高度。

3.1.4　管理、生产方式相对滞后

木制玩具产业的高素质专业技术人员不多，专业技术人员再教育机制不健全；企业管理人员的文化程度较低，资本运作、市场开拓和内部管理等能力欠缺，在一定程度上约束了企业的发展；企业中受过专业技术培训、技术素养高的产业人员数量不足，一线生产

员工流动性较大，技术工种招工困难，造成产业工人的整体素质不高，尚未形成完备的高、中、低相结合的多层次人才队伍。另外，生产方式还停留在单机数控阶段，缺乏将生产、销售、原材料、协作单位等联系起来的信息化网络系统。

3.2 木制玩具的发展趋势

"设计创造价值，设计引领消费"，基于目前木制玩具的市场情况，现代木制玩具的市场需求有以下几个特征，并影响着设计的发展方向。

3.2.1 产品的系列化

"芭比娃娃"连续多年被评为女孩最心仪的圣诞礼物，现已销往150多个国家和地区，总销量达十多亿。这个介于小女孩和成人女子之间的美国少女之所以能成为世界男女老少的心爱之物，主要归功于BARBIE公司重视新产品的推出。当某个产品热卖的时候，他们会抓住机会推出相关产品，令消费者不断保持兴趣（图3-1）。

图3-1
芭比娃娃系列

玩具的销售寿命一般都不长，如果每时都要保持创新、每款都要风格迥异，那无论对玩具生产企业还是设计师都可谓一个非常大的挑战。因此，注重玩具产品的系列化将是提升品牌、拓展销路、降低成本的好方法之一。

3.2.2　互动的亲情化

很多家长因为忙于工作，与子女之间沟通较少，如果把游戏当作沟通平台，那么玩具就是一个很好的载体。在游戏过程中，玩具不仅要能吸引儿童，还要能吸引成人，通过互动增加父母和子女之间的感情。在设计玩具的时候，可以考虑增加亲情互动效果（图3-2和图3-3）。

图3-2　玩具互动一　　　　　　　　　图3-3　玩具互动二

3.2.3　款式的时尚化

把握最前沿的时尚因素是每个设计师必备的技能，设计师不仅要关注玩具的变化，更要关注相关产品或产业的发展趋势。也就是说，一个好的设计师需有敏锐的市场洞察力。

现在的儿童接受信息的渠道很多，受外界的影响较大，最新最时尚的造型及颜色往往更能吸引他们的注意力。

要引起消费者的共鸣，首先就要从消费者的情感需求着手。充分考量哪些是消费者想拥有的，哪些是产品必须需要的，哪些是消费者易于使用的，只要抓住这些核心的内容，就能够抓住消费者内心潜在的诉求，从而创造出流行的作品。

　　玩具和时尚元素永远分不开，不同年代、不同经历的使用者接触的东西也不同，玩具设计就应该与时俱进，把握当下或未来的时尚要素，从中汲取灵感，开发出消费者喜爱的玩具产品。紧扣时代脉搏，围绕动漫产业，开发其周边产品，也能取得非常好的市场效果（图3-4和图3-5）。

图3-4　大头儿子和小头爸爸　　　　　　图3-5　动漫衍生玩具

3.2.4　材料的多样化

　　木制玩具的开发应注意材料的多样化。优秀的设计师在关注产品外观造型的同时，还应对产品的加工技术、新材料的开发及利用进行研究和论证（图3-6和图3-7）。

图3-6　竹制诺亚方舟　　　　　　图3-7　竹木复合轨道车

3.2.5　配件的通用化

　　木制玩具的开发应注意配件的通用化。木制玩具的生产一般都要匹配相当数量和品种的配件，各种型号的螺钉、金属键、插销等，这就给企业增加了运营成本。实力雄厚的企业可以建立自己的配件数据库，以供设计师在产品开发过程中查看库存情况及型号等信息，从而节约大量的资源（图3-8和图3-9）。

图3-8　通用木制连接件　　　　　　图3-9　通用螺杆

3.2.6　元素的本土化及风格的国际化

　　"民族的就是国际的"，本土的设计师对本民族的传统精髓更容易把握和拓展。我国有5000年的文化积淀，这对国外的消费者本身就有一种莫大的吸引力，因此设计元素本土化更能凸显特色，做到差异化发展。同时，设计师切不可把本民族的审美情趣和消费习惯强加给其他地区的消费者，要使新产品符合国际市场，即设计风格国际化将成为玩具生产的必走之路（图3-10和图3-11）。

图3-10　传统木制玩具再设计　　　　图3-11　传统木制玩具

第4章 木制玩具的设计流程

4.1 木制玩具设计关联要素

4.1.1 安全要素

儿童从出生到认识世界并形成自我保护意识的过程中，天生就会把任何可以接触到的物体放在口中咀嚼，并在潜意识的作用下吞咽下去，如果此物体是硬的或者有尖角的，轻则会刺破食道，重则会导致窒息甚至有生命危险。所以，在玩具设计中，安全要素必须永远摆在首要位置。

随着消费者对产品品质要求的提高，我国自2016年1月1日起实施新的玩具安全系列标准GB 6675—2014（图4-1），包括基

图4-1 玩具安全系列标准

本规范（GB 6675.1）、机械与物理性能（GB 6675.2）、易燃性能（GB 6675.3）、特定元素的迁移（GB 6675.4）等四部分，相关技术内容全部为强制性要求，较 GB 6675—2003 有了较大的提高。

一般来说，木制玩具存在的安全隐患主要包括：小物体、尖角、夹子、硬质凸体等。对于3岁以下儿童使用的玩具，各国的标准中都不允许有小物体，而对于3～8岁儿童使用的玩具，在无法避免需要小物体的情况下，必须在包装或说明书中加上小物体禁告标语，尤其是某些功能性的小物体，还必须加上警告语，且此类玩具应在大人的指导下使用。

在 GB 6675—2014 中，对玩具的设计与制造提出了以下具体的安全要求：

① 玩具及其部件不应存在任何绞扼窒息的危险；

② 玩具及其部件不应存在堵塞口鼻腔外部呼吸道、隔绝空气流通而导致的窒息危险；

③ 玩具及其部件的尺寸应不得由于楔入口腔咽喉或堵塞下呼吸道入口、隔绝空气流通而导致窒息危险；

④ 明确预定供36个月以下儿童使用的玩具、玩具部件及其可拆卸部件的尺寸不应能被儿童吞咽或吸入，本要求同样适用于预定放置于口中的玩具、玩具部件及其可拆卸部件；

⑤ 玩具销售时采用的包装不应存在任何勒死或因堵塞口鼻腔外部呼吸道而导致的窒息危险；

⑥ 食物中或与食物混在一起的玩具应单独包装，且其包装的尺寸应避免被儿童吞咽或吸入；

⑦ 禁止牢固附着于食品且须先吃掉该食品方可直接接触到的玩具，其他直接附着于食品上的玩具的部件应满足③和④的要求。

⑤和⑥中的球形、卵形或椭圆形玩具包装及其可拆卸部件，或任何带有圆形端部包装的圆柱状玩具，其尺寸应不存在由于楔入口

腔咽喉或置于下呼吸道入口而导致窒息危险的问题。

另外，很多玩具的某两个部件会形成"剪刀"结构，这些"剪刀"结构都有潜在的危险，在玩具标准中有一套模拟手指关节的仪器，只要能够被测试头接触到的地方就是可接触表面部件，如果玩具在正常使用的情况下能被测试头夹住，就是夹手指结构（图4-2～图4-5）。

图4-2　锐边测试器

图4-3　可触及探头

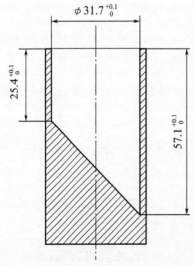

图4-4　小零件测试器

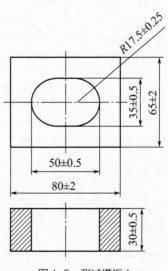

图4-5　测试模板A

一般来说，将玩具或零部件以任意角度、方向水平放置在一个水平面上而能稳定放置，并且此类玩具或零部件含有的尖、顶端能直立向上，并在压力下能保持水平向上，就会被认为是凸出物体（尖体），但是否危险还要视情况而定。

在GB 6675—2014中，也对警告标识进行了规范（图4-6和图4-7）。

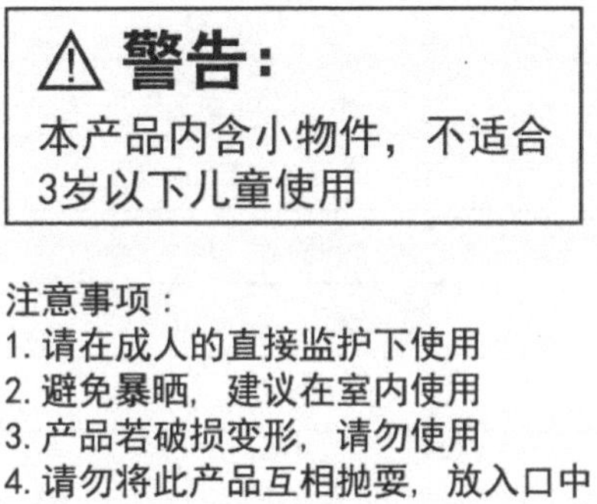

⚠ **警告：**

本产品内含小物件，不适合
3岁以下儿童使用

注意事项：
1. 请在成人的直接监护下使用
2. 避免暴晒，建议在室内使用
3. 产品若破损变形，请勿使用
4. 请勿将此产品互相抛耍，放入口中

图4-6　常见中文警告语

This package is made of no less than 70% recycled material.

图4-7　常见警告图标

① 为确保玩具使用安全，如需要，应提醒使用者或其监护人对于玩具使用中所涉及的内在危害和伤害风险，以及如何避免上述危害的风险。

② 警告语与玩具的预期使用目的相冲突的，不应在玩具上加贴一种或多种附录A所规定，并由其功能、尺寸和特性确定的特别警告语。

③ 制造商在玩具本体、标签、包装、有必要时在玩具随附的使用说明上的警示标志应当清晰可见、易于辨认和了解且明白无误。不带包装的小玩具也应当附有适当的警告。

④ 警告语应当以"警告""注意"开始。

⑤ 对玩具购买起决定作用的警告语，如标注使用者最小或最大年龄及附录A中规定的适用警告语，应出现在消费包装上，或令消

费者在购买前能够清楚地看到，且包括网上购物的情形。

⑥ 电玩具应有电气安全的标识和使用说明，以提醒监护人和使用者合理地使用玩具，避免发生危险。

玩具的检测项目较多，每个地区的标准不完全相同。常用检测项目如表4-1所示，常见检测方法如图4-8 ～图4-15所示。

表4-1　常用检测项目

序号	项目名称	项目英文名称
1	跌落测试	Droptest
2	模拟手指测试	Simulation finger test
3	小物件测试	Small parts cylinder
4	利边测试	Sharpness of edges
5	尖点测试	Sharpness of points
6	浸泡测试	Soaking test
7	压力测试	Compression test
8	扭力测试	Torque test
9	弯曲测试	Flexure test
10	咬力测试	Bite test
11	硬度测试	Hardness test
12	TTF测试	TTF test
13	模拟运输振动测试	Analog transport vibration test
14	耐摩擦牢度测试	Abrasion resistance test
15	冲击测试	Impact test
16	声响测试	Sound test
17	拼缝测试	Joint test
18	小球测试	Small ball test
19	拉力测试	Tension test
20	稳定性/倾斜测试	Stability test
21	可燃性测试	Flammability test
22	金属（断针）检测	Metal detection

图4-8 冲击测试

图4-9 尖点测试

图4-10 扭力测试

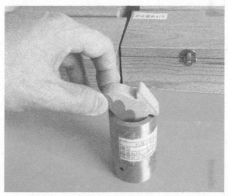

图4-11 小物件测试

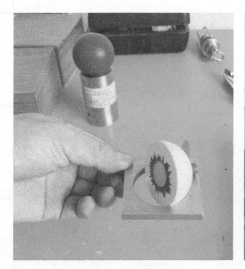

图4-12 小球测试

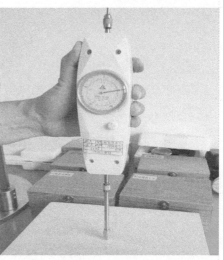

图4-13 压力测试

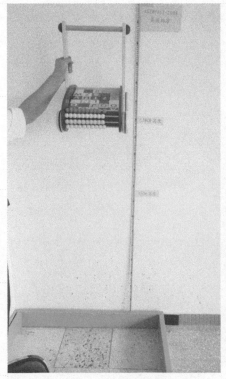

图4-14　跌落测试

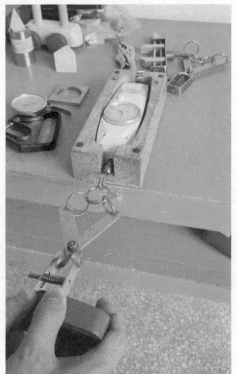

图4-15　拉力测试

4.1.2　功能要素

　　玩具既是人们游戏和研习的用具，也是全民休闲、开发智力和启发能力的用具，同时也是其存在时代人类文明发展最高成就的具体反映之一。玩具的开发，必须满足某些或某项功能需求。

　　一般来说，玩具的功能主要包括以下几个方面。

　　对儿童而言，主要有早期教育、智力开发、消耗过剩精力、激发求知欲望等；对成年人而言，主要功能有消磨时间、发泄情绪、收藏等；对老年人而言，则主要功能有促使其活动、延缓衰老、打发时间等（图4-16和图4-17）。

图4-16　益智玩具

图4-17　平衡玩具

4.1.3　工艺要素

　　产品设计的工艺要素主要包括加工工艺及面饰工艺，玩具设计及加工过程也应遵循这个原则。良好的加工工艺不仅可以简化工序、节省材料、增加安全性、降低成本，还能为后期加工打下良好的基础。良好的面饰工艺能提升产品的视觉效果，增加产品的美感、触感及附加值（图4-18和图4-19）。

图4-18　激光切割

图4-19　精加工产品

　　受到木材特性的影响，设计及生产木制玩具时，在保证安全的基础上，还应满足以下基本要求。

　　① 木制玩具原材料含水率必须小于8% ~ 10%。

② 木材表面有缝隙、毛刺、节疤等，应用腻子修补平整并打磨光滑。

③ 在做漆面前，所有腻子必须坚固，不粉化。

④ 对需修补的孔穴要多次批嵌，不能一次完成。

⑤ 尽量用水性腻子或配套腻子批嵌。

4.2 木制玩具的设计目标用户定位

按年龄段分类，木制玩具主要包括儿童玩具、成人玩具和老年人玩具三种。在这三种玩具中，成人玩具和老年人玩具区别不大，儿童玩具则比较特别。因为在婴幼儿发展阶段，其生理及心理的变化随着年龄的增加而差异较大（图4-20）。

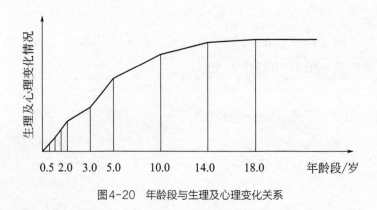

图4-20 年龄段与生理及心理变化关系

营销战略专家艾·里斯和杰克·特劳特的理论认为，在一个信息化高度发展的时代，消费者用来抵御传播过度的方法就是"最小努力法则"。换句话说，产品需要精准的定位，消费者喜欢简单的信息及事物。由此可以看出，定位是产品设计过程中最首要的任务，而能否准确地进行设计定位则是决定设计成败的关键。

在木制玩具领域，需要设计师在设计过程中不断地思考，不断地发现生活、生产中的不足，认真回答设计中"5W2H"等七个问题，然后根据这些因素准确地进行设计定位。

而在木制玩具的设计定位中，目标客户的定位是首要的，只有先定位好玩具的使用对象，才能根据他们的生理、心理发展情况，结合他们的喜好等进行综合考虑，设计出符合市场需求的产品。比如针对2～3岁的儿童，根据其生理、心理发展情况，可以设计一些有轮子或可牵拉，同时能在户内外使用的玩具；可满足儿童在交谈和进行其他语言游戏时需要的玩具电话；可捏制成不同形状，诱导儿童艺术才能的软的塑造物；可用于伴随儿歌演奏或自弹自唱的音乐玩具；备有木钉的工作柜，能培养孩子的手眼协调能力，而且可供孩子消耗过剩精力的敲打类玩具；可教导孩子分辨形状和激发手部动作熟练度及灵巧性的分类和穿线的玩具；可清洗和穿脱衣服，培养孩子的耐心和爱心的洋娃娃。

需要特别注意的是，玩具的设计不同于其他产品，除了使用者（儿童）之外，还有一个隐藏在背后的目标客户，即孩子的父母，也就是购买玩具的人。他们才是是否购买此产品的关键决定者，因此在设计过程中需要综合考虑此因素（图4-21～图4-23）。

图4-21 目标用户的不同理解（一）

图4-22　目标用户的不同理解（二）

图4-23　目标用户的不同理解（三）

4.3 木制玩具的设计流程

　　玩具的设计不同于偶然的灵感创作，不可能一蹴而就，也不可能仅仅凭借经验想当然地闭门造车。传统的玩具开发模式存在一些问题，即各个部门之间协调很少，市场部门只管销售，设计部门只管创作，而工程部门只管技术及生产，这样各自为战局面必将导致创意流产（图4-24）。

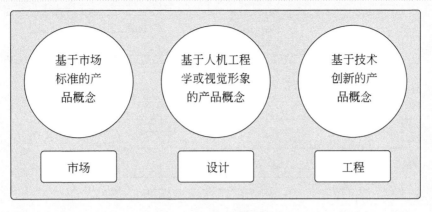

图4-24　各自独立的专业分工

　　木制玩具的开发设计应与市场需求相结合，不仅要把握好儿童的心理特征、行为习惯，还要考虑家长的愿望、市场销售方式等。因此，玩具设计是一项系统的工程，需要各个环节有序进行，各部门之间紧密联系，反复研讨分析，这样才能生产出适合市场的产品（图4-25）。另外，在设计过程中设计出发点的不同，也可能会造成设计程序出现差异。但是，不管哪种设计程序，都是为把设计变成商品而服务。

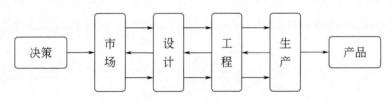

图4-25　玩具产品开发中企业各部门之间的关系

　　在木制玩具的设计中，要实现设计方案到商品的转换，设计师不仅要考虑如何把方案变成工业产品，还要考虑在销售过程中必须面对的问题，如包装、运输、宣传等。

　　木制玩具设计传统的开发流程如图4-26所示。一方面，从产品计划到市场导入，设计师始终要参与其中，产品的延续性对企业来说非常重要，所以任何一项设计都应该做好相关反馈信息的整理，

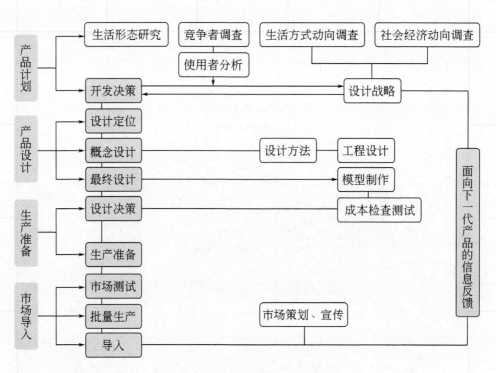

图4-26　木制玩具设计传统的开发流程

以便开发下一代产品时作为参考，这也是企业及其设计人员的宝贵财富。另一方面，在作出开发决策前，要对社会经济动向、消费者生活方式的变化等进行调查，其结果将直接指导决策者对新产品的未来市场走向作出判断。此外，从图中可以清晰地看出，一个新木制玩具的开发，从企业决策层到设计部门的管理层甚至到生产一线的员工都产生了联动，而只有良好的联动关系，才能使产品设计得以顺利实施。

　　根据多年的教学实践和设计实践反馈情况，可以把设计流程简化为设计目标阶段、概念提取阶段、概念转化阶段、方案优化阶段、设计评价阶段等。

4.3.1　设计目标阶段

　　美国的乔纳森·卡根（Jonathan Cagan）教授曾在《创造突破性

产品——从产品策略到项目定案的创新》一书中提出"针对目标市场，理解原有产品的失败原因可以帮助你发现你的产品有多大程度的改善，或是应该有多大程度的改善"。强化设计前期的调研，从市场中寻找设计目标及开发方向将为设计目标的确定打下良好的基础。

4.3.2 概念提取阶段

此阶段要注意概念提取的方法，结合木制玩具的特点，尤其要注意挖掘玩具的文化，提升玩具的文化内涵。

长久以来，由于国内外生活水平存在差异，我国的木制玩具企业基本上以国际市场为主、以国内市场为辅。随着国内消费者生活水平的提高和消费观念的变化，国内木制玩具消费市场仍有相当大的增长空间。针对这种现状，首先要充分挖掘适应不同目标客户的玩具文化，将木制玩具的设计与消费者心理、社会经济发展、历史文化变迁等要素有机结合起来，以满足不同年龄层、不同文化背景的客户的需求。同时，有效借鉴国外品牌玩具的成功经验，做到取长补短，也是国内玩具企业取得成功不可或缺的手段。比如，可充分挖掘具有本土文化背景的玩具进行再创作，像"九连环""鲁班锁""木偶"等（见图4-27和图4-28）。当然，也可根据《西游记》《红楼梦》《封神演义》等故事题材，挖掘具有中华民族传统文化色彩的玩具。

图4-27 传统木制玩具

图4-28 九连环

4.3.3　概念转化阶段

概念转化阶段包括元素的提取及优化、内涵的延伸与拓展等。图4-29所示为概念的提取与转化示意图。为加快设计进程，首先可以选择一个或者多个原型，然后结合玩具的特征，运用嫁接、移植、抽象、概括等方法提取。

吴翔教授曾在书中叙述："产品不过是功能的载体，消费者购买产品时是在购买产品的功能……产品的设计与制造过程中的一切手段和方法，实际上是针对依附于产品实体的功能而进行的……即设计的意义不是物质的产品本身，而是隐含在产品背后的'故事'。设计者要编制和导演这些'故事'，驾驭'事'与'物'的关系，并使其具有良好的传达性。"

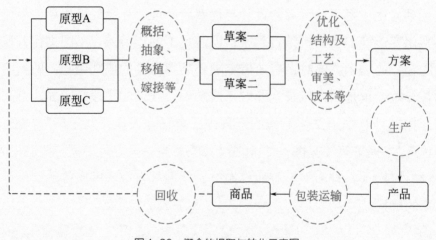

图4-29　概念的提取与转化示意图

4.3.4　方案优化阶段

在方案优化阶段，设计师要结合生产过程中的限制条件对方案进行系统的评价，同时还要充分考虑企业的生产能力、工艺水平、设备加工条件等因素。

当遇到阻力或困难时，不妨换个视角重新审视设计提案。潘荣教授曾在《构思·策划·实现——产品专题设计》中提出："成功的设计更在于定位最初的创意视角，然而，创意视角难于突破，如同一把椅子在很多人眼里，椅子就是椅子，视角就是这样凝固着没有办法改变。试想如果把椅子的概念转换，椅子仅仅是托起人的用具，那么设计思路又会发生什么变化呢？"由此可见，改变视角能够产生创意，奇迹也将泉涌般出现。

下面为以冒险为题材的木制玩具的设计构思过程。

方案一灵感来源于南美洲的玛雅金字塔，采用绿色，鲜艳亮丽，但可玩性还是不够好，整体形态不够活泼、生动，在制作加工过程中也比较浪费材料（图4-30和图4-31）。

图4-30　方案一（a）　　　　　　　图4-31　方案一（b）

方案二灵感来源于奥运会，比较有创意，将多个运动项目组合起来，可玩性和趣味性较好；该玩具可拆卸及自由组装，便于包装及运输，但是结构过于复杂，造型比较单一，对消费者的吸引力不够（图4-32和图4-33）。

方案三灵感源自雪山冒险运动，在攀登雪山的过程中会碰到野兽、沟壑等，需要采用不同的方法一步步前进，直到到达顶峰。其外形采用雪山的形态，符合儿童的心理特点，层叠的设计增加了产品的趣味性（图4-34和图4-35）。

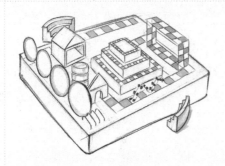

图4-32　方案二（a）

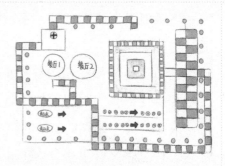

图4-33　方案二（b）

图4-34　方案三（a）

图4-35　方案三（b）

通过对上述三个方案的综合对比，最后决定从第三个方案入手，按照设计要求逐步优化。在优化方案的过程中考虑到板材的拆装问题，采用了卡接结构；大幅面平板采用热转印工艺；小零件均为固定结构等。尽管还有不足，但其构思路径和优化过程值得认可（图4-36和图4-37）。

图4-36　效果图

图4-37
实物图

4.3.5　方案评价阶段

评价设计方案，最有发言权的可能就是消费者了。但在提案阶段，即产品生产之前，必须对方案进行系统评估，这时建立合理的评价体系和方法就显得尤为必要。

在木制玩具的设计过程中，评价构思方案的方法有很多种，较为常见的有坐标法和点评价法。

（1）坐标法

坐标法是将产品的各项属性特征按坐标的方式加以评定，这种方法容易将对抽象的产品属性特征的理解转化为直观的观察，易于作出快速且较为准确的评价。图4-38所示为针对上述三个基于冒险主题的木制场景玩具设计的坐标法评价示意图，每项标准作为一个坐标方向，满分为5分，四项属性和形成的封闭空间面积越大，表明该设计在这四项属性标准评价中得分越高。注意，图中评价所用的四项属性可以根据具体情况加以选择。

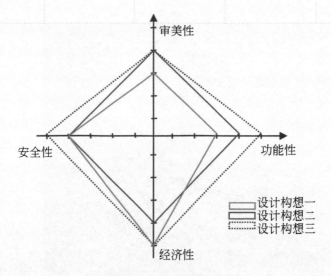

图4-38　设计构想的坐标评价法

（2）点评法

对各比较点按重要的评价标准项逐个作出粗略评价，用符号"+"（代表可行）、"－"（代表不可行）、"？"（代表需要再研究一下）、"！"（代表需要重新检查、设计）等表示，然后根据评价情况做出相应的选择。表4-2为上述三个设计构想方案的点评法示意。

表4-2　点评法示意

评价方案/评价项目	设计构想一	设计构想二	设计构想三
满足功能要求	+	+	+
满足成本要求	？	－	+
满足装配要求	+	+	+
满足审美要求	？	？	+
满足时尚要求	－	+	+
满足人机要求	+	+	+
满足工艺要求	？	？	？
总评	2+	3+	6+
结论	设计构想三为最佳方案		

从表中可以清晰看出，在各项指标中，设计构想三的综合评价分最高，这也是选择这个方案进行深入研究及设计的原因及基础。

第2篇

木制玩具的设计例析

为清楚地阐述玩具设计流程，以儿童的认知、行为、心理特点为基础，对年龄段进行细分，并结合该年龄段所适用的玩具，分为"可爱玩伴""好奇萌宝""超级模仿""童心所向""情景再造""挑战自我""大收藏家"等七个阶段，每个阶段提供了不同的玩具设计案例以供分析。

玩具设计案例由原点解读、思维导图、草图风暴、初选方案、最终方案、效果图以及设计评价七部分组成，旨在为大家呈现出完整的玩具设计流程。

第5章　可爱玩伴

5.1　可爱玩伴解析

年龄段：新生儿到6个月。

新生儿自控力弱，在吃饱睡醒的时候，如果有悦耳的声音、摇动的物件、明亮的色彩陪伴，更容易让他们放松。这是人发育最快的阶段之一，从对这个世界一无所知到开始形成主客体的概念，逐渐会表达自己的情绪，用笑或者哭来表达对一样物品的喜欢或者厌倦，但是还不能理解他人的情感。

5.2　认知特点

- 从前2个月的黑白世界到第3个月建立起颜色的概念，婴儿能初步分辨色彩的差异，对黄色和红色特别感兴趣。

- 对认识周围世界的兴趣较大，自我意识逐步加强，识别能力在4个月的时候得到发展，能识别经常陪伴在身边的人，比如对妈妈和爸爸会更加亲近；经过一定的训练后，会将玩具和名称对应起来，认识少数几个物件。

- 婴儿从5个月开始会用不同的表情表达自己的喜好，看到妈妈时会笑，看到陌生人时可能会哭。

- 婴儿6个月大可以区别不同的声音，比如在哭闹的时候，听到妈妈的脚步声就会停止哭闹，张望着等待妈妈的到来。同时也会学着发出感兴趣的声音，如经常教儿童猫叫，儿童就会模仿猫的叫声。

5.3 行为特点

- 新生儿时期的行为是无意识的，随后无意识的活动方式会慢慢消失，取而代之的是发展出一些有意义的动作。
- 在这一阶段，儿童身体从平躺过渡到侧卧、翻身、俯卧，甚至能小坐一下。
- 3个月头部能够转动，眼睛视野变大，4个月能够注视到1厘米左右的物体，左右眼协调性得到发展，两只眼睛能同时注视一个物体。
- 随着时间的推移，手的灵活度也在逐渐增加，5个月学会主动抓握玩具，到了6个月已经能自如地伸手抓取身前的物品，并且双手可以同时分别抓住不同玩具。
- 能抓住的都是"可以吃的"，他们会将玩具等抓到的物品塞到嘴巴里来感受味道。
- 在学会拿东西后，行为上还有个很大的特点，就是玩玩具时会重复地做同一个动作，把玩具当作自己的同伴，一会儿扔掉，一会儿又捡回来，或者推开又拉回来，反复地玩，自娱自乐。
- 4个月后基本上开始会说单音节的字，发出"咿、呀、喵、妈"等声音。

5.4 设计要点

- 玩具及配件不宜太小，避免潜意识下吞咽而发生窒息危险。

- 吊挂类玩具吊挂结构的设计要足够结实，避免掉下来砸到婴儿。
- 由于色彩认知能力刚得到发展，提供的颜色以大面积单色或者双色为主，避免儿童视觉混乱。
- 发声类玩具的声音要简单，不能刺耳，以维护儿童听觉的正常发育。

5.5 玩具类型

这一时期，玩具是婴儿在刚睡醒时，或在等待父母做家务而独处时的最佳玩伴，也是父母训练儿童各种能力时的互动工具。发声类玩具（如摇响、摇铃玩具）、床挂玩具、抓握玩具、不倒翁玩具等都是这一阶段木制玩具设计可关注的类型。

5.6 摇铃玩具

5.6.1 原点解读

摇铃玩具是儿童玩具中非常重要的一部分。在进行摇铃玩具的设计时，需要充分考虑人机交互关系，并需要对儿童行为有一定的认知，通过仔细观察分析他们不经意间的行为，并深入研究其产生这种行为的根本原因，由此进行深入设计。

该年龄段的婴儿视、听、触觉刚刚得到发展，在设计玩具时需要对这三方面进行深入考虑。在声音的传递方面，考虑出声的装置以及发声方式，要做到清晰、律动。在色彩的选择方面，应该使用对比较为强烈的色彩，帮助婴儿认知色彩和色彩的情感语言。

5.6.2　思维导图

以摇响玩具为中心，应用发散思维寻找可开发的点（图5-1），从材质、分类、造型以及对儿童的影响四个方面进行思维的初步发散。在材质方面，主要针对木质材料展开畅想，推演到是否使用更加安全环保的涂料、木材软硬程度以及安全程度等。在交互方面，从声音、光影、触感等交互媒介着手考虑。在造型方面，从常见事物的形态到几何形状，从具象到抽象，重点考虑可爱的动物造型。最后，在对儿童的影响方面，主要研判儿童的听觉和视觉接受程度。

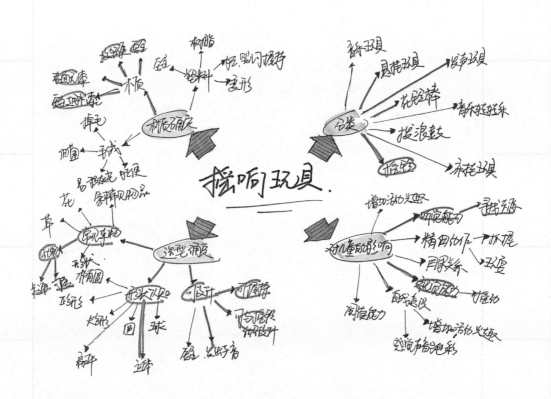

图5-1　思维导图

5.6.3　草图风暴

　　首先，对一系列动物造型进行初步演变，如猪、猴子、牛、老
虎等动物（图5-2）。提取动物的头部以及身体形象，并对该部分进
行形态的扭转、拉伸等抽象变化。其次，从人机学角度出发，考虑
摇铃玩具的手握部分是否符合人机工程学，产品形态与手指贴合处
的造型等。以动物眼珠或者鼻子等主要特征部位作为发声部件，在
摇动的过程中，内部金属球体可以自由转动，使玩具更加形象。

图5-2　草图风暴

5.6.4 初选方案

在方案一中（图5-3），提取小猪头部造型，作为摇铃玩具结构元素，嘴巴部分拟合手部握持特征，用户可将手伸入并摇动玩具。可以考虑在小猪的眼中加入小铃铛或其他部件，使其发出声音。在方案二中（图5-4），选用小牛作为造型元素，与方案一类似的是手持交互部分为牛的嘴巴，而不同的是主要发声部位是牛的鼻子。

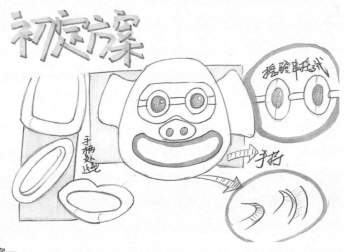

图5-3 初选方案一

图5-4 初选方案二

5.6.5　最终方案

　　选择小猪造型作为摇铃玩具元素的来源，作品名称为"摇摇铃——猪"（图5-5）。该款摇铃玩具可以做成不同色彩的一系列产品。作为发声装置的眼睛，为球形，金属材质，外部为金属镂空，里面为金属球，让整个眼睛看起来灵动、机智。围绕猪的主题，形态可以多变，容易形成系列。色彩以明度、饱和度高的红、黄、蓝色为主。最后，选用安全的水性环保漆。

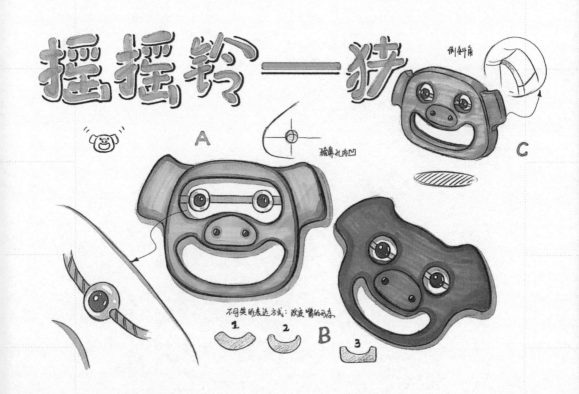

图5-5　最终方案

5.6.6　产品效果图

在设计过程中尝试了多种配色方案（图5-6），最终效果如图5-7所示。

PANTONE 184 C

PANTONE 306 C

PANTONE 1495 C

PANTONE 528 C

图5-6　配色方案

图5-7　最终效果

5.6.7　设计评价

该设计将可爱的小猪造型融入摇铃玩具中，从视觉、听觉等方面满足了婴儿的需求。

摇铃玩具最大的特点是使用对象的活动能力较弱，这就要求玩具的安全性、与婴儿的互动性要高。因此，在整个设计流程中，充分考虑了适用对象的生理、心理状况。"摇摇铃——猪"的色彩柔和，以纯色为主，辅以中性色，不突兀，令人倍感温馨。主材以人造板为主，水性漆涂饰，环保、安全。

该款玩具造型简洁，生产制作工艺简单，适合大批量生产。

5.7　安抚玩具

5.7.1　原点解读

安抚玩具是一类旨在帮助初生婴儿缓解情绪的产品。安抚玩具可以帮助他们更好地进入睡眠状态，在有规律的摆动中能起到一定的安神和抚慰作用。初生婴儿需要有安全舒适的环境，律动的拍打或重复的运动可以让他们更加有安全感。因此，安抚玩具常常被作为婴儿床的辅助玩具，或摆放在床上，或挂在床栏上。目前，市面上的大多数安抚玩具均在形态上做文章，但是材料的创新应用比较欠缺。因此在设计安抚玩具时，打破现有玩具的传统设计思路，从材料加工的角度进行探索，不失为好的切入点。

5.7.2 思维导图

从主要功能、造型、安放场所及材料四个角度进行初步发散（图5-8）。根据安抚玩具可变、混搭的特征，衍生出可旋转、可折叠、可变形、可拼接等形式。在主要功能方面，针对安抚玩具主要受众的生活方式，提出教育、娱乐等诉求，其中如何让使用方式丰富多样是设计的重点。此外，考虑到产品的使用场所，可将安抚玩具分为随身携带、随意摆放等类；同时，为了方便安装和固定，以床边、桌边等不同使用场景为载体。

材料的选择要凸显木材本色及人造板的热压弯曲成型技术，不仅能保证结构的牢固性，同时能符合批量生产的要求。

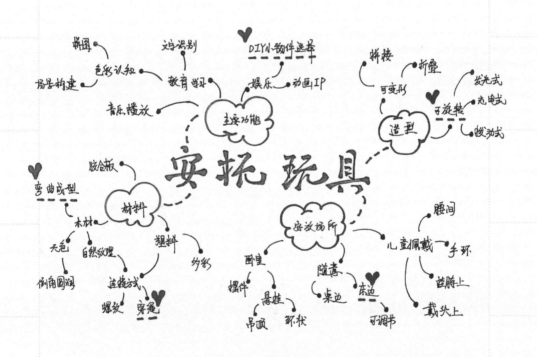

图5-8　思维导图

5.7.3 草图风暴

　　结合思维导图所选取的"可旋转"以及"胶合板""弯曲成型"等关键词，对安抚玩具进行畅想构思，提出设计一种具有挂钩的悬挂类安抚玩具（图5-9）。在造型方面，采用形态仿生设计的方法，提取长颈鹿、鲸鱼以及兔子等原型进行抽象造型。玩具与床主要考虑使用螺纹旋钮进行连接固定，连接固定处则用塑料作为辅助材料，这样会使玩具的颜色更加丰富。

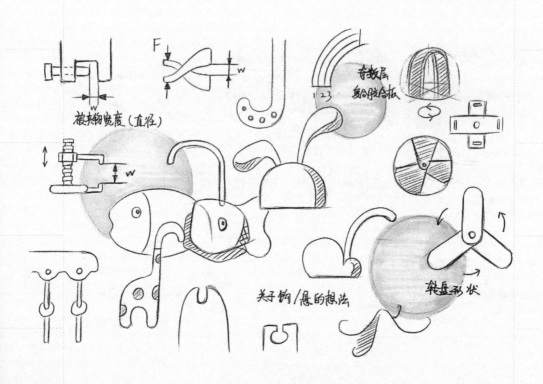

图5-9　草图风暴

5.7.4 初选方案

  方案一以天鹅作为造型元素（图5-10）。抽象地提取天鹅体态中最具代表性的长脖子作为玩具悬挂时的支承杆件部分，尾巴则抽象化为玩具的固定装置。该方案的悬挂部分是圆形木板，在圆形木板上穿孔，将小物件悬挂起来。用户可以根据自己的喜好，自由地进行不同的悬挂组合。该方案固定部分的螺钉为竖直朝上，使玩具的形态曲线更流畅。

图5-10　初选方案一

　　方案二的造型主要来源为长颈鹿（图5-11）。大致思路与方案一一致，利用其长脖子作为主要支撑部位，且身体与脖子采用不同的材质，用塑料件来表现长颈鹿的颜色。悬挂部分采用两条热压弯曲成型的胶合板组合而成，挂件可自由组合和搭配。

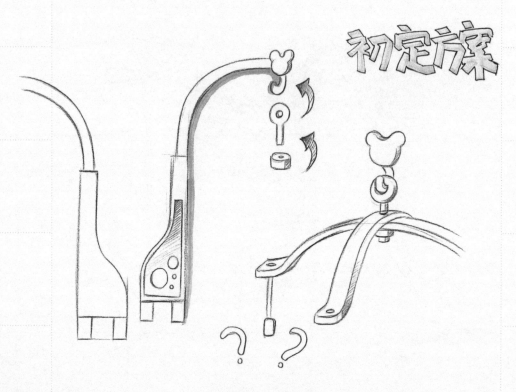

图5-11　初选方案二

5.7.5　最终方案

　　该方案色彩表现丰富，形态上较为轻盈，可玩性好（图5-12）。充分利用材料的性质及加工成型的优势，用胶合板与塑料完美结合，使构件之间的连接更加牢固结实，且不影响美观。使用五厘胶合板热压弯曲成型，造型新颖且不容易被仿制。热压弯曲成型技术并不是新鲜词汇，在现代家具中使用较多，但目前玩具领域还涉及较少，是一个不错的可供探索的方向。

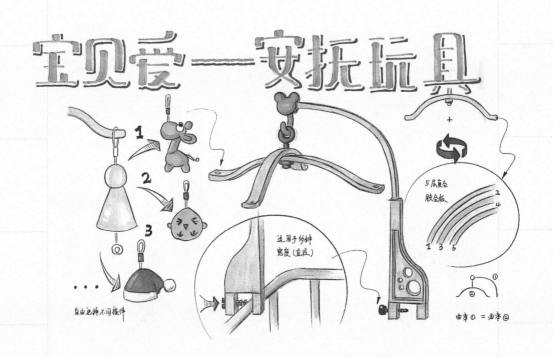

图5-12　最终方案

5.7.6 产品效果图

在设计过程中较为详细地分析了锁定机构，效果图如图5-13和图5-14所示。

图5-13 效果图

5.7.7　设计评价

采用仿生设计手法，以长颈鹿作为造型元素，结合功能的应用，有一定新意。

连接塑料件的木材曲率和悬挂部件的曲率保持一致，在保证视觉效果的同时，简化了生产工艺，减少了模具的使用。

胶合板的使用，不仅可以保留木材的纹理，还能有效增加结构强度。

用户可以在挂臂承重范围内自由选择配件。

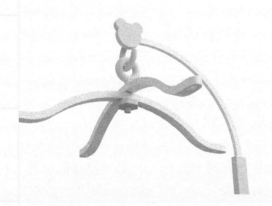

图5-14　结构效果图

第6章 好奇萌宝

6.1 好奇萌宝解析

年龄段：7 ~ 18个月。

儿童肢体的活动能力快速增长，开始会爬、会走、会跑，活动范围也不再局限于固定的位置，家里的任何角落都会出现他们的身影。视觉、听觉和触觉等方面接收到的信息越来越丰富，对外界充满了好奇心，对外事物的认识也越来越清晰，无论看到什么都想玩一下。语言和情感的表达更具自主意识，在后期虽然会说的词语还不是很丰富，但已能进行简单的互动交流。

6.2 认知特点

- 10个月左右开始构建起关于客观世界的概念，即使外界事物不在视线范围内，他们也知道这些事物是存在的。

- 随着月龄的增大，开始能理解一些特定动作或语言的含义，比如妈妈在穿鞋，宝宝就会理解为妈妈要出门，然后把自己的玩具装到大人包里，希望大人能带他出门。

- 从15个月左右开始，小脾气开始见长，不顺心时会发脾气、扔东西，如果拿给他喜欢且新奇的玩具或播放音乐，就容易分散他们的注意力。

6.3　行为特点

- 对新奇的物体会有极大的兴趣，若该物体被大人藏起来，会到周围去寻找，找不到还会向大人讨要。

- 五指分工越来越明确，食指和拇指之间的配合越来越熟练，能够捏起豆子、葡萄干等细小的物品。

- 6个月后，双手之间、双手和眼睛之间的配合会越来越流畅，精细动作将得到进一步的发展，如可以将东西放到小洞里再取出来，或者将水彩笔的笔帽拔下来又盖回去。

- 具备初步的模仿能力，虽然口齿不清楚，但是会学大人说话，并模仿大人简单的动作。

- 从坐着到扶着站立，再到长时间独自站立，从匍匐向前到会爬，再到独立行走甚至小跑，这一阶段生理功能发展迅速，并促使他们越发有好奇心，似乎任何东西都是他们感兴趣的，即便是在家里整天接触的东西。

- 8个月时能说出带有叠字的词，如爸爸、妈妈、猫猫等，还会对玩具咿呀说话，到了18个月就会说一些简单的句子，比如一句儿歌。

- 处于坐位或者站位时，听到喜欢的或者感兴趣的音乐会摆动身体，到了会走的阶段，则还会在小范围内舞动。

- 这一时期，他们还发展出了涂鸦技能，会在任何物品上画画，尽管绘画是没有规律的，只有抽象的线条绕来绕去。

6.4　设计要点

- 还是很喜欢把小物品放到嘴巴里，直到14 ～ 15个月的时候才会把认为不要吃、不要玩的物品吐出来，这一时期仍要注意小零件以免发生安全问题。

- 玩具的形状和色彩设计力求简洁，配件不宜过多。
- 玩具可以有多种玩法，但不宜太复杂，能够锻炼儿童的认知和活动能力即可。
- 由于活动范围扩大，儿童难免会到处磕碰，玩具的表面不能尖锐，一般要以柔和的型面为主。

6.5 玩具类型

在确保安全的前提下，激发儿童探究世界的欲望，满足他们的好奇心是这一阶段使用的玩具应该具有的基本功能，在玩乐的过程中可锻炼儿童的各项身体机能。串珠玩具、套筒套环玩具、简单积木玩具、形状认知玩具，球类玩具、声乐玩具、推拉玩具、颜色认知玩具等是这一阶段木制玩具设计可关注的类型。

6.6 积木玩具

6.6.1 原点解读

积木玩具是一种非常传统的益智类玩具。积木玩具的设计主要涉及安全性、趣味性和益智性三大方面。积木类玩具首先要考虑是否会造成儿童吞咽误食，其次要考虑能否吸引孩子的注意力。可以通过颜色、大小等提供顺序信息，来训练孩子的逻辑思维能力。

6.6.2 思维导图

以积木为目标展开联想（图6-1）。综合考虑使用者的年龄段，从造型、材质、结构以及产品对儿童的影响方面着手探讨了儿童对造型的理解力和兴趣点。

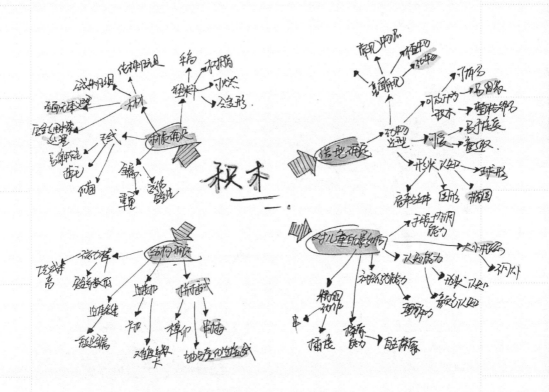

图6-1 思维导图

6.6.3　草图风暴

　　在草图风暴中出现了各种各样的动物造型（图6-2），且大都可拆分再组合，或者有翅膀，或者有触角，适合作为积木的单体，有利于培养儿童的空间想象能力。此外，还对许多细节进行了推敲，比如动物头部、身体以及翅膀的造型演变，在确保形态圆润的同时，还保证了形态变化丰富。在细节方面，主要考虑积木单体之间的拼接情况以及各单体之间的逻辑关系，以便于儿童从中寻找并构建线索。

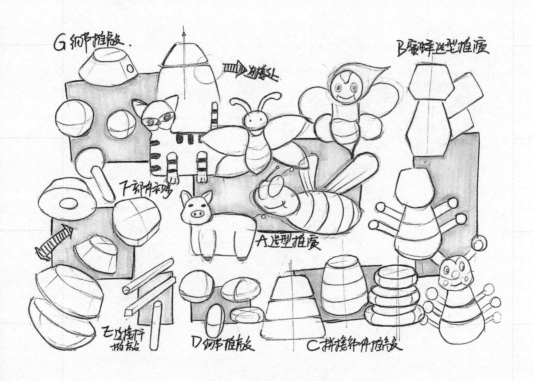

图6-2　草图风暴

6.6.4　初选方案

　　方案一选取蜜蜂为原型（图6-3），以拟人化的方法表达蜜蜂头部，产品更具亲和力，身体部分大小形状设置合理，各模块之间契合度较高，便于使用者寻找构件之间的关联，整体形态圆润。方案

图6-3　初选方案一

二选取毛毛虫为原型（图6-4），头部造型更为立体化，但异型面难以丝印，眼部特征不明显，身体部位进行了简化设计，叠加而成，整体造型看起来富有弹性，玩法也很简单。

图6-4　初选方案二

6.6.5 最终方案

在积木蜜蜂的设计中，采用黄色和橙色作为主色调，色彩饱和度高，视觉冲击力大，且与蜜蜂本身的色彩有一定的相似性（图6-5）。手臂和隐藏的连接部分为原木色。整体造型圆润可爱，表情滑稽幽默，增加了玩具的趣味性。

图6-5 最终方案

6.6.6　产品效果图

　　选取饱和度较高的颜色作为主色调，经过冷暖搭配，视觉冲击力大，如图6-6和图6-7所示。

PANTONE 1505 C

PANTONE Yellow C

PANTONE Blue 072 C

PANTONE 1485 C

图6-6　效果图

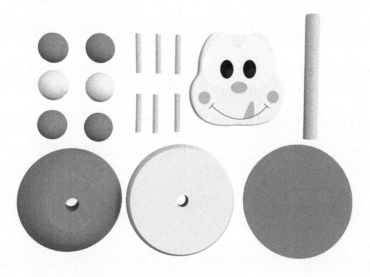

图6-7　爆炸图

6.6.7　设计评价

造型较为简洁，表情活泼可爱，符合该年龄段儿童的认知，规避了小型构件，保证了玩具的安全性。

色彩鲜艳明亮，饱和度高，增加了玩具的识别度。

6.7　串珠玩具

6.7.1　原点解读

串珠玩具因有一定的空间结构，同时能植入简单的故事情节，可促进儿童手眼协调能力、空间想象能力、故事理解能力的发展。串珠玩具的设计涉及安全性与趣味性，可突破一般的二维平面的限制，充分利用空间原理，构建通俗易懂的小型场景。

6.7.2　思维导图

　　从材质、外观、情景构建及对其儿童的影响这四个方面着手分析（图6-8）。材质力求环保、安全；情景构建尽量简洁，情节要考虑儿童的理解力，最好能结合儿童耳熟能详的小故事。

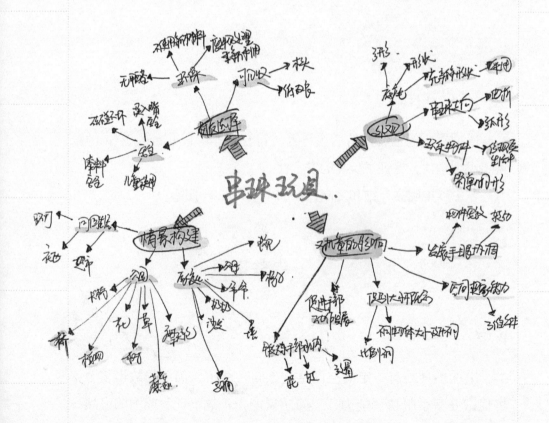

图6-8　思维导图

6.7.3 草图风暴

以"狼和小羊"的故事为背景,构建一个小型农场场景,对故事中涉及的各个部件造型进行创意提取,包括树、草、桥、花朵、底盘造型、房子、摩天轮、栅栏、串珠、狼和小羊的造型等部件(图6-9)。

为了增加玩具的可玩性,除了主体部分要固定设置外,配件可结合形状自由组合,提升儿童对形状的认知。

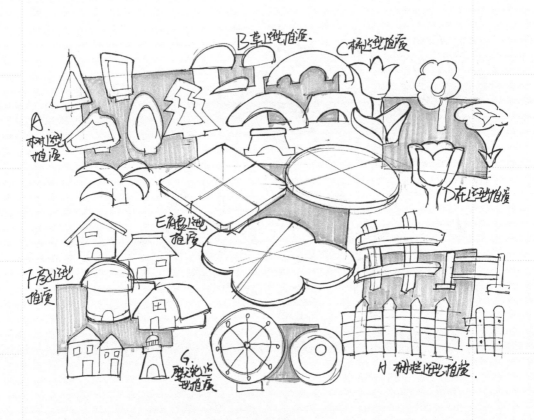

图6-9 草图风暴

6.7.4 初选方案

方案一的串珠底盘采用规整的长方形，其他部件采用简单的几何造型，整体形态简单，便于记忆和抓握（图6-10）。

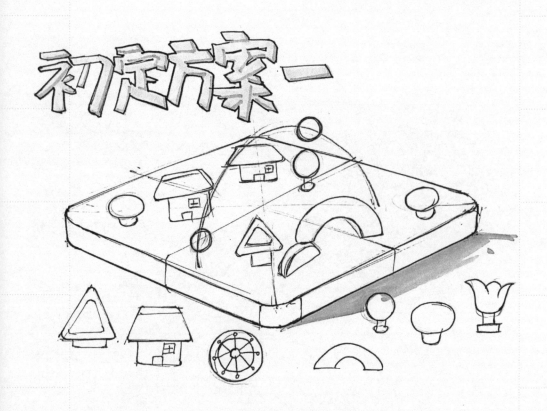

图6-10 初选方案一

　　方案二的底盘采用不规则的仿蝴蝶造型，同时保留了方案一中其他部件的几何造型，在表面装饰上进行了优化设计（图6-11）。

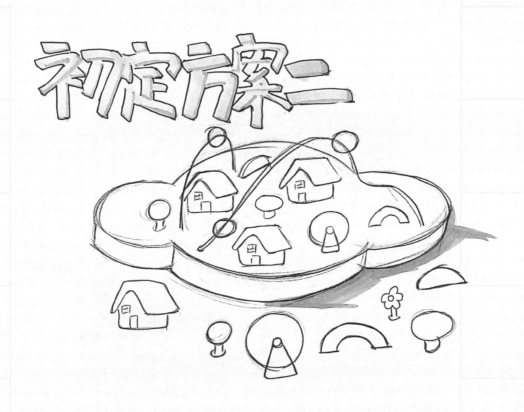

图6-11　初选方案二

6.7.5　最终方案

考虑到产品本身的趣味性以及生产可行性，决定对方案二进行深入设计（图6-12），最终玩具的主要部件包括房子、树、草、摩天轮、桥、蘑菇、花朵、石头等。这些部件均采用可爱趣味的造型，符合儿童的审美。将串珠设计为3D弯曲走向，可帮助儿童锻炼空间想象力。场景围绕"狼和小羊"的故事，通过模拟狼追小羊，使串珠更具趣味性。

插接的形式可以辅助搭建不同的内容和场景；儿童可根据自己的想象创设别具一格的场景；产品部件生动形象，又不缺乏趣味性；为保证产品的灵活性，所有部件均独立设计。

图6-12　最终方案

6.7.6 产品效果图

对每一个部件都进行了细化，并规划了色彩方案，具体如图6-13 ~图6-16所示。

图6-13 效果图一

图6-14 效果图二

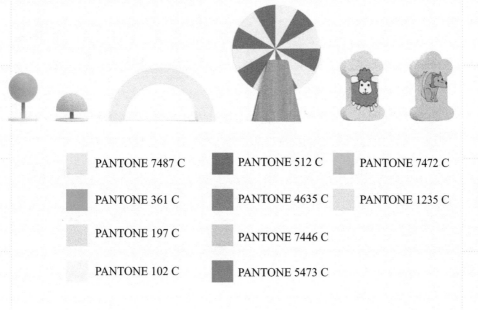

PANTONE 7487 C	PANTONE 512 C	PANTONE 7472 C
PANTONE 361 C	PANTONE 4635 C	PANTONE 1235 C
PANTONE 197 C	PANTONE 7446 C	
PANTONE 102 C	PANTONE 5473 C	

图6-15　配色方案一

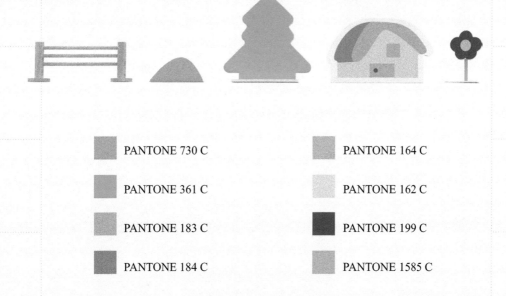

PANTONE 730 C	PANTONE 164 C
PANTONE 361 C	PANTONE 162 C
PANTONE 183 C	PANTONE 199 C
PANTONE 184 C	PANTONE 1585 C

图6-16　配色方案二

6.7.7　设计评价

　　作品是以"狼和羊的故事"作为出发点而设计开发的一款串珠玩具，在"狼追逐羊"的过程中，需要穿线、过桥等步骤，增加了玩具的可玩性。

　　串珠玩具的使用对象具有一定的活动能力，手指精细动作尚需发展，而对一些安全简单动作的训练有助于促进其身心发展。

　　色彩热烈明快，易于吸引儿童的注意力。主材以人造板为主，用水性漆涂饰，用材安全、环保。

第7章 超级模仿

7.1 超级模仿解析

年龄段：1.5 ~ 2.5岁。

这一时期儿童的身心得到进一步发展，短时记忆和长时记忆也大大加强。随着语言的发展，他们的观察和学习能力更强，已不再仅仅满足于接受外界的知识，满足自己的好奇心，而是要将学习到的"理论"付诸实践，表现出强烈的模仿性，同时也会学习身边人的情绪表达、言语口气、肢体动作等。

7.2 认知特点

- 注意力和记忆力加强，记住简单的儿歌对他们而言已经不再是难事。

- 认知及学习能力都在逐步提高，能够记住大量的词汇和简单的句子，并且在语调上会变化。

- 跟上一阶段还不能清楚说出物品名称不同，这一阶段儿童能迅速准确地说出自己认知范围内的物品名称。

- 开始建立空间概念，对方位已经有了初步的认识，在25个月后一般开始辨别前后、内外、长短等，但经常还是左右不分，比如穿反鞋子。

● 25个月后开始能理解多少和大小的概念，会比较两个东西，并指出哪个数量多、哪个数量少。

● 求知欲很强，特别是在24个月后，非常喜欢问大人"这个是什么""里面有什么""有什么用"等看起来非常基本的问题。

● 25个月后开始能正确认识并说出两种以上的颜色。

7.3 行为特点

● 学习劲头十足，喜欢模仿大人的活动，比如看过大人在厨房里炒菜后，他们也会寻找家里的过家家玩具，一手拿着放有待炒的菜的锅，另一手拿着铲子，装模作样地学着大人炒菜。

● 平衡性逐步得到发展，行走变得非常自如，跑步也慢慢变得稳当，不会再摇摇晃晃。

● 对周围的事物仍然充满兴趣，但是他们的专注度仍旧比较低。

● 手的操作能力明显提高，手眼配合越来越好，精细动作的能力得到较大发展，比如可以把积木搭得更高。

7.4 设计要点

● 简单的生活场景玩具，如灶台玩具、卫浴玩具等，这类玩具的设计不能简单地把实际生活场景缩小，而是提取实际场景的典型特征，并在儿童可操作的尺度范围内形成体系。

● 儿童对危险性还是认识不足，玩具的设计仍旧要非常注重安全性，如设计一把菜刀玩具，无论刀锋还是刀背都要设计得非常圆润。

● 一套玩具内的单体要设计得简单，让儿童更容易掌握使用方法，如厨房玩具中可以有刀具、菜品、灶台、砧板等若干单体，儿童在里面可以同时或者按照时间采用多种玩法。

7.5 玩具类型

这一时期玩具是反映儿童学习物质世界的工具，在观察、学习、模仿中逐渐掌握周围事物的运行方式，建立对周围事物的概念。套叠玩具、简单积木、玩具摇马、简单生活与生产玩具、角色木偶、简单拼图等是这一阶段木制玩具设计可关注的类型。

7.6 公仔周边玩具

7.6.1 原点解读

公仔是儿童最喜爱的玩具类型之一，尤其是处于幼儿期的女孩，非常热衷于模仿母亲，照顾公仔的生活起居。几乎每个孩子在幼儿期都有自己的"超级伙伴"，公仔则扮演着听其摆布、倾诉、陪伴的角色。

这个年龄段的孩子喜欢模仿自己的父母，并尝试着做一些自己平日里看见父母所做的动作。他们会模仿自己的母亲，把玩偶放在公仔床上安抚或为其讲故事等。

基于此阶段儿童的模仿习惯，开发公仔周边产品是一个方向。为了适应公仔的拓展应用，一方面要尽量还原孩子所见所闻的场景，另一方面要适应公仔的风格和大小，使之成为一个完整的整体。

7.6.2　思维导图

　　以公仔周边产品为思考切入点（图7-1），从功能、材质、风格、造型这四个方面进行分析。在功能方面，发散探索出收纳、组合拼接以及观赏摆件等多个功能。选取最贴近儿童生活的儿童床为主体，凝练收纳、光滑、浅色调、双层设计等关键词，并运用到设计创作中。

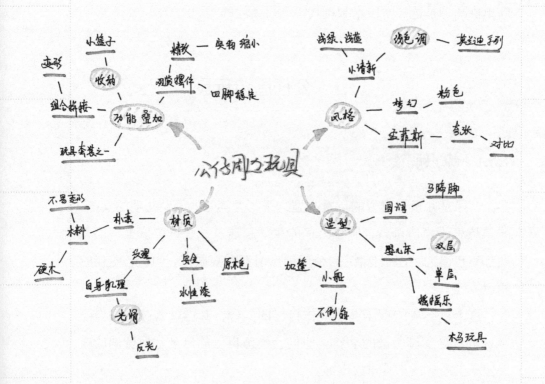

图7-1　思维导图

7.6.3　草图风暴

　　围绕选定的设计关键词，以公仔床为目标，对造型及装饰细节进行探讨，重点研究床栏、床上装饰、床型及梯子等的细节（图7-2）。

图7-2　草图风暴

7.6.4 初选方案

两个方案均采用简约风格，方案一为双层设计，增加了扶梯结构，空间显得更大，上下层护栏为半开放式，可方便儿童操作（图7-3）；方案二以婴儿床为原型，简化了部分结构（图7-4）。

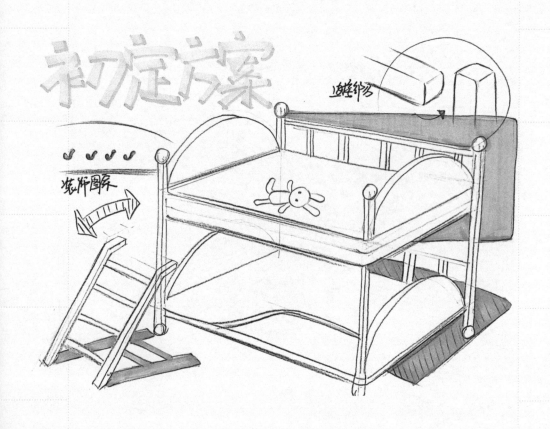

图7-3 初选方案一

图7-4　初选方案二

7.6.5　最终方案

　　该公仔床分为上下两层，以梯子连接，增加了场景的真实性和玩具的可玩性，造型更加饱满，符合儿童审美。在细节设计方面，丰富了加工工艺，增加了纹样装饰，并对公仔床的色彩进行了区块划分，使整体色彩更加清晰分明（图7-5）。

　　产品接合部分多用木榫结构。色彩以鲜明的橙色或深蓝色和白色搭配，温和且层次感强。楼梯为活动构件，可方便儿童操作。

图7-5　最终方案

7.6.6 产品效果图

采用两种色彩方案，效果如图7-6和图7-7所示。

PANTONE 199 C

PANTONE 7468 C

图7-6 配色方案

图7-7 效果图

7.6.7　设计评价

公仔床作为公仔的周边玩具，旨在满足这一阶段儿童的模仿心理。为增加产品整体的层次感，在素雅的浅色的基础上，为产品表面增添了明亮的颜色进行点缀。产品保留了床的特征，但细节处进行了简化与抽象，既保证了产品整体造型简洁大方，便于加工生产，又不失植入感，贴近儿童的生活。该产品组装简单，配合公仔使用，拓展了游戏空间。

7.7　欢乐农场

7.7.1　原点解读

这个年龄段的儿童随着语言的发展，观察与学习能力逐渐增强，已不再仅仅满足于接受外界的知识，而是希望将所学付诸实践，表现出强烈的模仿性，同时也会学习模仿身边人的肢体动作、交流行为等。

这一阶段木制玩具的设计应有简单的生活场景，提取实际场景的典型特征，并在儿童可操作尺度的范围内自成系统。玩具注重安全性，玩法则相对简单易懂。

7.7.2　思维导图

以"欢乐农场"主题为出发点（图7-8），配置了包括树木、围栏、田地、木桩、小树、栏杆等在内的元素。农作物种类比较丰富。用具选择日常生活中常见、易操作的造型，如刀叉、菜板、菜刀等厨房用具。选取接受度高、装配简单的组合方式。

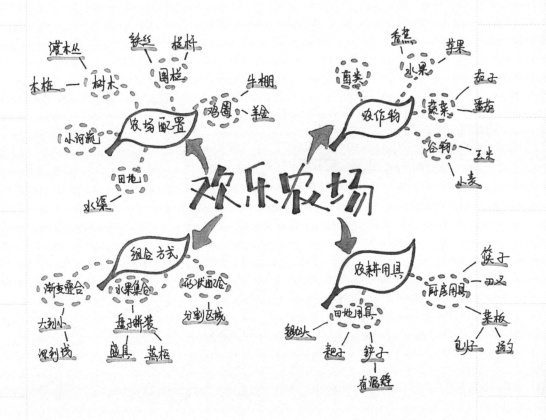

图7-8　思维导图

7.7.3 草图风暴

　　细化思维导图所提出的可能性，对各个单体的造型进行创意联想，包括栅栏、菜板、盘子、刀具、树等造型。推敲各种食物组合，分析玩具的可能性玩法（图7-9和图7-10）。

图7-9　草图风暴一

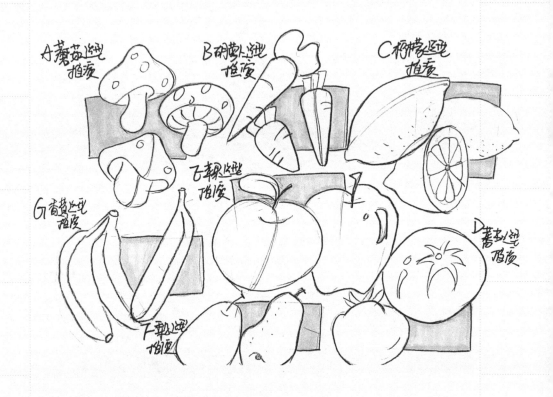

图 7-10　草图风暴二

7.7.4　初选方案

通过对玩具各个单体的深入设计，初步确定产品方案（图7-11）。

模块化的底盘设计，为儿童提供了更多选择，有效提升了玩具的可玩性。不同种类的水果蔬菜，配以不同的厨房用具，造型简洁；栅栏、草、树木可用以营造不同的场景。将主动权交给儿童，让他们根据自己的想象来设计场景。

图7-11　初选方案

7.7.5 最终方案

对初步确定的产品方案进行深入细化和改良,在保证趣味性和真实性的前提下,去除小型物件,规避单体的锐角,实现最大程度的安全性(图7-12)。

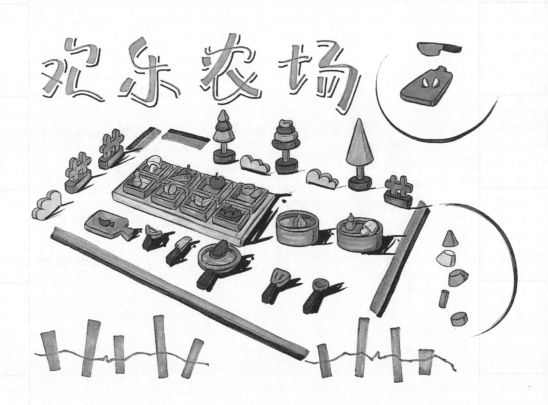

图7-12 最终方案

7.7.6 产品效果图

配色方案如图7-13所示，效果如图7-14所示。

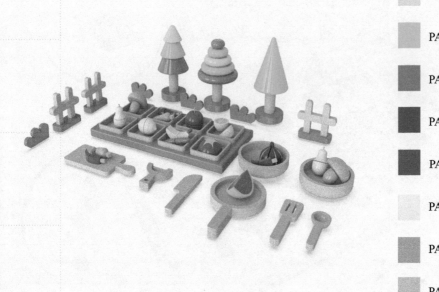

PANTONE 7479 C

PANTONE 354 C

PANTONE 349 C

PANTONE 526 C

PANTONE 1778 C

PANTONE 122 C

PANTONE 479 C

PANTONE 150 C

图7-13　配色方案

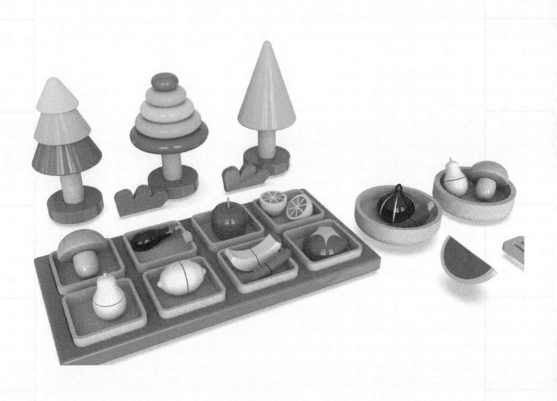

图7-14　效果图

7.7.7 设计评价

"欢乐农场"玩具以农场为场景，结合这一阶段儿童的生理、心理特点，以模仿为手段，从水果、蔬菜以及日常工具等元素中提取单体造型。儿童模仿成人切菜、拼盘等行为，能够促进他们认知水平的进一步发展。色彩主要提取果蔬、工具本身的颜色，比较写实，代入感强。

该作品摆脱了传统模仿玩具的固有形态，炊具、树木等单体的加入，有效拓展了场景的广度，增加了玩具的可玩性和趣味性。

第8章 童心所向

8.1 童心所向解析

年龄段：2.5 ～ 3.5岁。

这一时期的儿童心脑发育更加完善，精力相当充沛，活动能力增强，运动量很大，身体肌肉越发壮实，需要释放旺盛的精力。这个阶段的儿童迫不及待地想出去玩耍，去接触外界的各种事物，特别是非常喜欢从"大朋友"那里学习玩乐的方式；同时也开始喜欢和同龄的小朋友一起玩耍，并会在玩游戏的过程中树立分享、合作的意识。

8.2 认知特点

● 语言能力的进一步加强促使儿童开始进行逻辑性联想，会将不同的事物之间建立起联系，比如看到鸟会联想到飞机，说到好朋友会联想到具体的小伙伴并说明与这个小伙伴经常是在哪玩的等，同时学会了初步对外界事物展开评价。

● 可以用相对复杂的句子向别人表达自己的想法，求知欲也更加强烈，喜欢问"这东西怎么样？""为什么会这样子？"等更深层的问题。

- 对危险有初步的认识，知道不能和陌生人走、危险的地方不能走。

- 能够根据事物的某一个特征进行分类，并正确区分三角形、圆形、正方形等常规的几何形状。

- 专注力有所提升，开始会花少许时间（如10分钟左右）和耐心去探索玩具和书本的奥妙与趣味。

8.3 行为特点

- 社交行为开始觉醒，初期虽然有时会与其他小朋友在一起玩，但是基本上大家都是各玩各的玩具与游戏，到了后期才开始相互分享玩具，共同游戏。

- 体力和精力旺盛，活泼好动，会玩大活动类游戏和能长时间玩的玩具，如老鹰捉小鸡、大皮球等。

- 这一时期的儿童走、跑和跳跃非常协调，也基本掌握了钻、爬、攀登等行为。

8.4 设计要点

- 这一阶段的儿童需要释放旺盛的精力，玩具的设计可以增加活动性和复杂性，迎合他们好动的天性，同时寓教于乐。

- 玩具的设计更注重促进儿童脑、眼、手、腿等身体各部分的协调性，引导儿童自主活动，独立思考，激发思维。

● 注重在色彩、形状、立体空间等方面的设计，以提升儿童触觉、视觉等方面的感知能力。

8.5 玩具类型

这一时期可关注相对复杂的、大动作类的，能激发儿童砸、跑、追、跳、摇等方面行为的玩具，如儿童大轮车、大皮球、镶嵌玩具、拼图玩具、积木玩具、电脑玩具、角色游戏玩具、工具箱等。

8.6 工具架

8.6.1 原点解读

工具是日常生活的必需品，人们通过使用各式各样的工具，大大提高了工作效率。工具的种类繁多，因而工具类玩具的元素来源广泛。

为达到"寓教于乐"的目的，在设计过程中可以考虑参照工具套装进行组合，把功能相似或相近的工具组合成一个体系，通过敲、拧、旋等动作训练儿童的手部协调能力。

8.6.2 思维导图

工具架的设计主要考虑组合方式、工具种类、色彩配置以及功能价值等（图8-1）。为增强玩具构件的可操作性，可考虑螺钉连接、榫卯连接等组合方式。在工具种类方面，除了螺丝刀、扳手、榔头、锤子等，还有其他常见的连接件。在色彩配置方面，可选择同色系或者强对比色，以达到区分功能的效果。

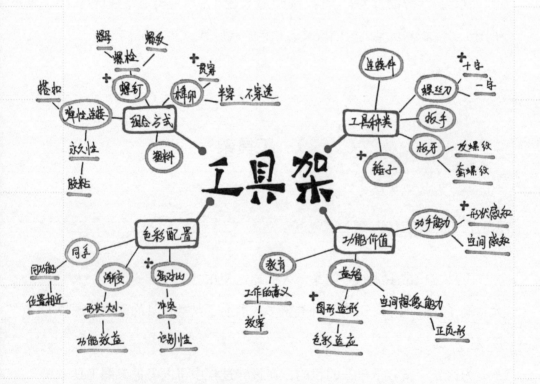

图8-1 思维导图

8.6.3　草图风暴

选取常用的工具组合（图8-2），对各式各样工具类型的概念进行提取，包含螺钉、螺母、螺杆以及与之相匹配的螺丝刀、榔头和扳手等，目的是让儿童在玩乐过程中能顺利匹配工具，训练其对形的契合的了解。同时，还应考虑工具的系列性和系统性，以便于儿童能收纳到统一的支架上，达到易于包装、收纳的效果。

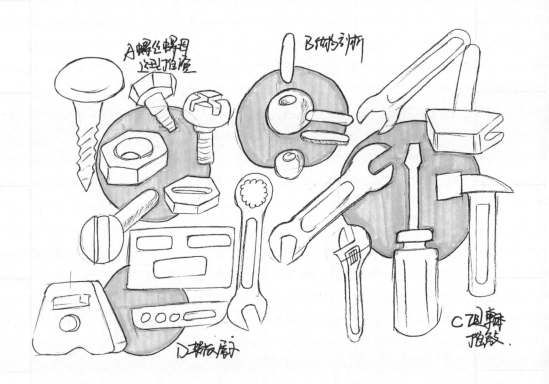

图8-2　草图风暴

8.6.4　初选方案

　　方案一的整体工具架造型呈三棱柱的形状（见图8-3），体现了稳定性的特征。工具架总共有两层，工具构件可放入其中任意一层。在工具架的护栏上，还设置了许多孔状，以方便螺钉工具的使用。

图8-3　初选方案一

　　方案二的整体工具架造型偏向长方体（图8-4），儿童可以从四面八方对工具进行排列配置，增加了产品的可玩性和可操作性；在最顶层的板架上，不同工具的搭配组合使工具架的空间造型更加多样化。

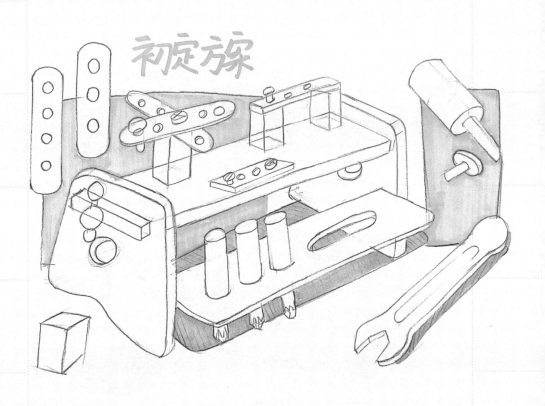

图8-4　初选方案二

8.6.5　最终方案

考虑到工具架的开放性和可玩性，最终选择了方案二进行细化（图8-5）。在最终方案中，对构件之间的相对尺寸做出调整，增加了螺钉的种类和数量，实现了玩法的多样化；与螺钉相匹配的板状构件类型也有所增加，提升了儿童的创作空间；选用饱和度高、对比度强的色系，实现了工具构件的功能分类。

该工具架增大了构件的倒角，在保证安全性的同时，也使整体造型更加圆润饱满。

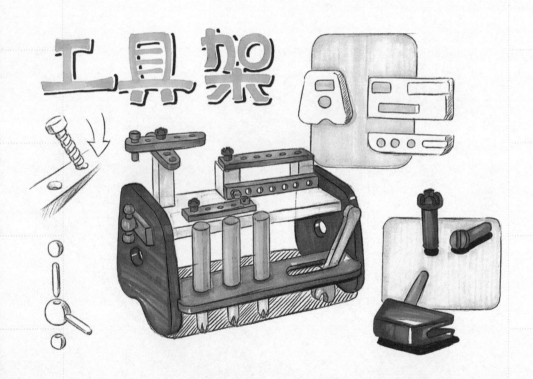

图8-5　最终方案

8.6.6　产品效果图

　　配色方案如图8-6所示，效果如图8-7所示，爆炸图如图8-8所示。

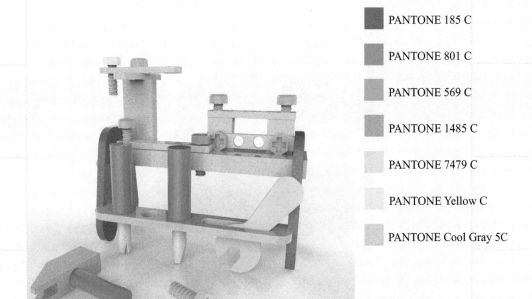

PANTONE 185 C

PANTONE 801 C

PANTONE 569 C

PANTONE 1485 C

PANTONE 7479 C

PANTONE Yellow C

PANTONE Cool Gray 5C

图8-6　配色方案

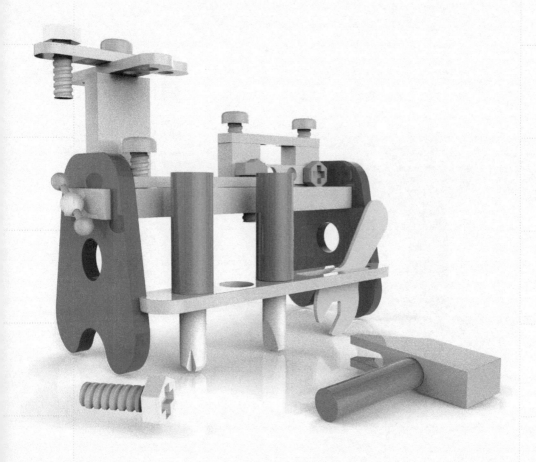

图8-7　效果图

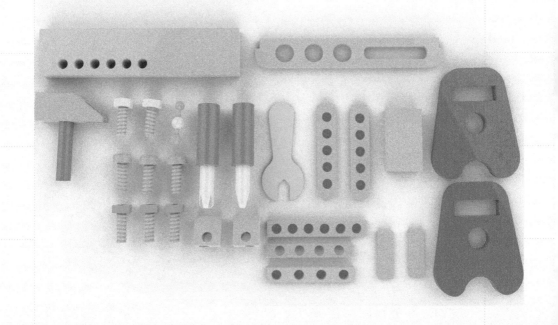

图8-8　爆炸图

8.6.7 设计评价

工具架这一玩具款式新颖，玩法多样，其各构件之间看似只是简单的拼接，却能让儿童体会到实际操作的快乐，在训练其手部灵活性的同时，也提升了其匹配物品的逻辑思维能力，因而有较强的教育意义。

生活中大部分工具的使用者都以成年人为主，而该款玩具将实际产品卡通化，通过配件的紧固、锤实，可以让儿童发泄过剩精力，获得游戏乐趣。

工具架外观圆润、操作安全，用色系代表工具组，划分明确，易于儿童分辨。同时，还可以培养儿童分类收纳物品的意识。

8.7 幼儿玩具车

8.7.1 原点解读

该年龄段的儿童活泼好动、精力充沛，活动能力逐步增强，活动空间增大，专注力有所提升。

车类玩具一直深受儿童青睐，这类产品可动、可发声，容易引起儿童关注。

因该年龄段的儿童精力还不够集中，关注某一件事情的持续性不强，在保证安全性的前提下，幼儿玩具车的设计应重点关注玩具的趣味性。

在设计幼儿玩具车时，可适当增加一些与儿童互动的构件。

8.7.2 思维导图

从儿童的视角出发，对幼儿玩具车进行发散畅想，分析各种可能性，从车的玩法、车的变形、车的连接、车的种类等方面进行较为深入的探讨（图8-9）。

对思维导图中提炼出的关键词进行归纳与整理，考虑满足儿童对各种职业模仿与崇拜的心理，提出消防车、吊车、警车等多个不同的车辆种类。

为增加玩具车的可玩性，选择"适度变动""转轴式"等设计关键词，使玩具整体更具灵活性。

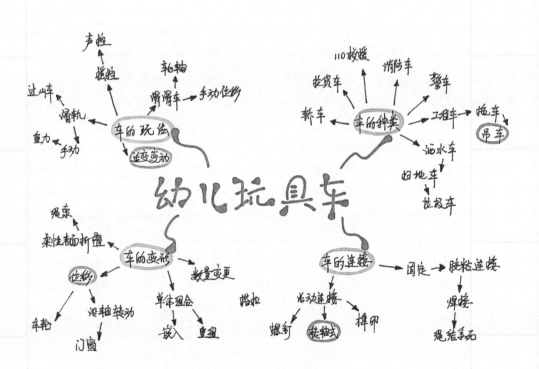

图8-9　思维导图

8.7.3 草图风暴

根据思维导图中所整理的设计关键词，进行草图的推演与绘制（图8-10）。在绘制草图时，从儿童的视角出发，对车辆的种类以及造型进行不断的推演与优化，目的在于推导出一款既符合儿童审美需求，又便于生产加工的幼儿玩具车造型。

图8-10 草图风暴

8.7.4 初选方案

根据对草图的推演与绘制，最终确定消防车及其衍生场景为本次幼儿玩具车的设计蓝本。

方案一的消防车由车头与车身组成，车头的开放空间可以用来储物，玩具车的侧面有几何单体镂空设计，可帮助儿童认知几何形体。车上还装有可旋转楼梯，并配以可自动向下翻转的小木块，用于模拟消防员攀爬场景（图8-11）。

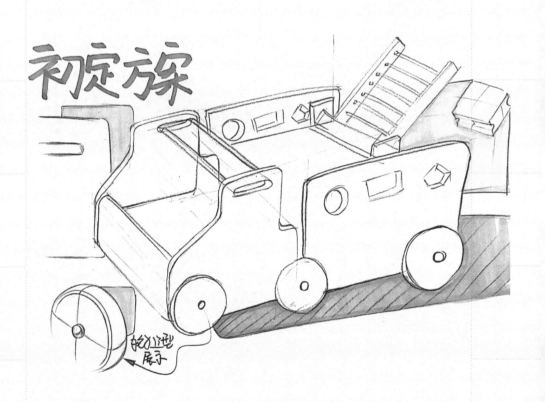

图8-11 初选方案一

　　方案二为拖拉类玩具，将储物功能设计在车厢下部，在车厢前方设置了小孔和拉绳，以方便儿童拽拉。与方案一同样配有可依靠轴进行360°旋转的梯子，用来增加玩具的可玩性与灵活性（图8-12）。

图8-12　初选方案二

8.7.5　最终方案

将方案一与方案二的优点相结合，并在此基础上进行设计优化（图8-13）。

最终方案除了沿袭可旋转楼梯及其可自动向下翻转的配件之外，还提出了消防车玩具的新玩法。车头部分增加了一个备用轮，可以独立作为一辆小型可储物的玩具车；备用轮可以围绕连轴旋转并收纳于车头下方，从而使车头与车身相扣，组合成一辆完整的消防车；车身也具有一定的收纳功能，可单独供儿童拽拉玩耍。

最终方案模拟了多个场景，最大限度地增加了玩具的可玩性与趣味性。

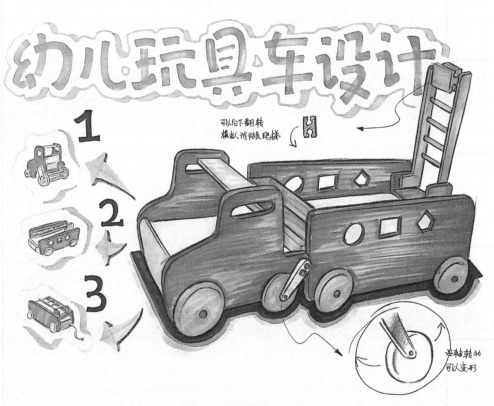

图8-13　最终方案

8.7.6 产品效果图

拆分展示了详细结构及组合方式，配色方案如图8-14所示，拆分效果如图8-15和图8-16所示。

PANTONE Orange C

PANTONE 368 C

PANTONE 292 C

PANTONE Process Yellow C

图8-14　配色方案

图8-15　车头部结构

图8-16　车尾部结构

8.7.7　设计评价

　　该款玩具车由两部分构成，车头与车尾可组合、拆分，每个部分还可以单独成为一个体系，车头拆下来后，通过转动连接轴，形成新车的后车轮，后车轮中放置了3个响铃，在车子被推动的过程中会发出响声。

　　在设计时，提取了消防车的外形特点，为车厢设置了可旋转楼梯，模拟消防员形状的木块可沿着楼梯翻转向下，更具趣味性。

　　该玩具车的设计，打破了传统玩具车的造型和结构，开发出诸多不同玩法，由此实现了一车多用。

第9章 情景再造

9.1 情景再造解析

年龄段：3.5 ~ 5岁。

这一时期的儿童已经上了幼儿园，即打开了他们的新世界。在学校与老师、同学相处的过程中，儿童开始有了规矩意识。随着社交活动的增多，他们更喜欢参与到集体活动中。智力得到了发展，在玩玩具的时候，更喜欢挑战开放性思维，不再拘泥于模仿和循规蹈矩，会自主再造玩具的场景和玩法，利用玩具构建新情景、设定新情节、构思新故事。

9.2 认知特点

● 已能清晰地认识方位，正确区分前与后、上与下、左与右等抽象的概念。

● 分类能力进一步提升，能根据事物的不同特征对其进行分类或排序。

● 对早晨、下午、晚上等常规时间概念有清晰的认识。

● 懂得不干净的东西不能吃，不再会将异物放进嘴巴、鼻子和耳朵里。

- 能用工具来表达自己的感受，如握着画笔画出他们认为自己想表达的线条、人物、物品和色彩。

- 思维方式更具创造性，喜欢发现新活动，会主动思考玩具的新玩法，并加以实践。

- 会说2000字左右的词汇，认识少量的字，能够翻阅绘本，大致看懂绘本的内容。

- 直到这个阶段，儿童对实际存在的事物和人类虚拟构建的事物还不能很好地加以区别。

9.3　行为特点

- 开始建立规则意识，懂得学习游戏和玩具的规则，会按顺序思考问题，知道按照事物的顺序做事情，如穿脱衣服等。

- 喜欢新鲜事物，对熟悉的、重复的活动参与兴致不高。

- 除了走、跑、跳、爬、钻、攀登等行为，还能够较为熟练地掌握投掷、抛接等动作。

- 在做出跳远、跑步及其他大幅度肢体动作的过程中，已经能较好地保持身体平衡。

- 喜欢和多个小伙伴组成团队一起玩耍。

- 控制精细动作的能力越来越强，如会使用筷子并独立进餐。

9.4　设计要点

- 儿童玩具的设计可以区分为针对单个儿童、两个儿童及以上儿童。

- 当多个儿童为使用对象的时候，玩玩具的方式和任务可以多样化，同时强调协作性。
- 儿童会加入自己的新想法，构建新形式，因而玩具的设计可以更开放，给予儿童更多的创造空间。
- 身体机能已越来越协调，在木制玩具的设计中融入大活动和精细活动，以促进儿童生理和心理的发展。

9.5 玩具类型

这一时期适合那些能激发儿童想象力、可以重组再造的，包含大动作和精细动作的玩具，如智力型玩具、情景类玩具等。

9.6 交通情境玩具

9.6.1 原点解读

交通情境玩具是模拟日常生活中出现的交通场景的一类产品。交通情境玩具包括交通工具，道路、道路设施、道路周边建筑等构件，可供儿童在场景中进行角色扮演。

这个阶段的儿童已经学会分享甚至讲究团队合作，所以场景可以适度增大。

9.6.2 思维导图

从交通场景、场景中的物件、色系选择以及场景组合方式这四个方面展开联想（图9-1）。交通场景可选定十字路口、航站楼、收费站等关键要素，并配套常用的交通设施、行道树、活动小景等。

组合方式可以考虑磁吸式、随意摆放、粘合固定、插入式等。色彩选择应倾向于与实景相似的工程机械和交通标识的颜色。

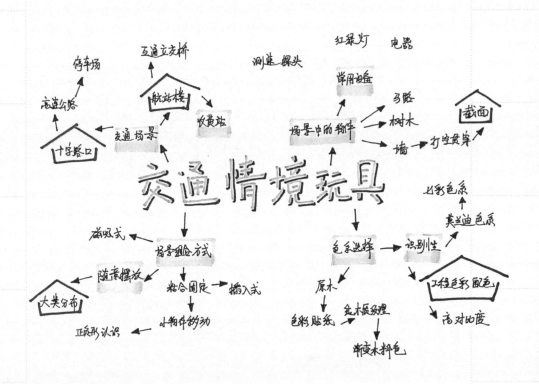

图9-1 思维导图

9.6.3　草图风暴

　　围绕交通场景的构建，以停车场为核心，分别对交通工具（汽车、飞机等）进行细化构思；考虑到便于包装，计划使用立方体结构，研究了各个面之间的逻辑关系；为保证安全性，规避了玩具中可能出现的"夹手指"结构（图9-2和图9-3）。

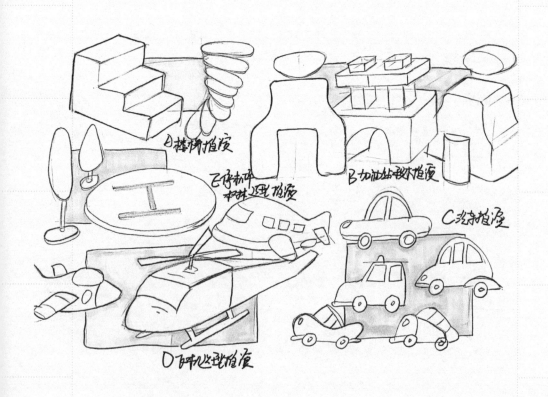

图9-2　草图风暴一

为了增加玩具的可玩性和趣味性，添加了楼梯、停机坪、加油站等造型元素。

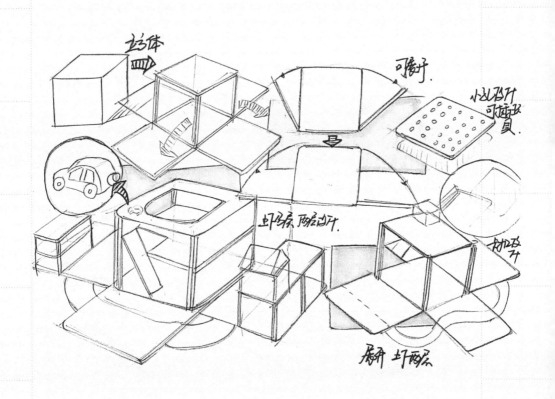

图9-3 草图风暴二

9.6.4　初选方案

　　产品的初选方案为一个正方体形态，研究了板材的综合利用以及配件与正方体的配合关系（图9-4和图9-5）。

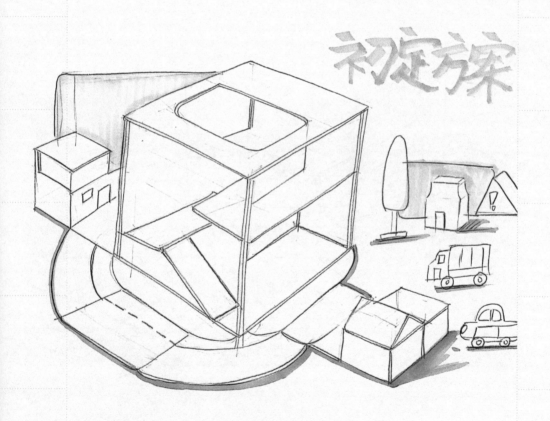

图9-4　初选方案一

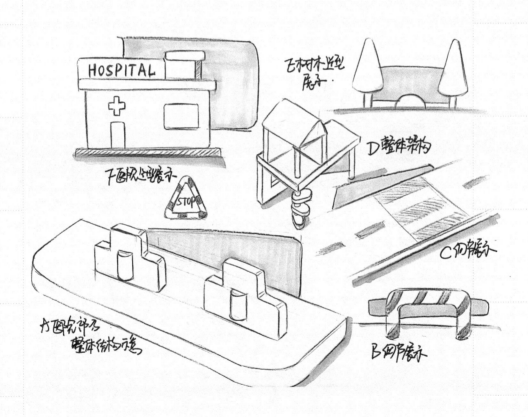

图9-5　初选方案二

9.6.5　最终方案

确定好大体造型后，对结构进行了设计，添加了卡槽以保证玩具的收纳功能。这种卡槽式结构非常适合数控机床加工、批量生产，并且能尽量减少使用其他连接件，从而方便儿童使用。

这是一款集收纳箱和交通场景于一体的木制玩具（图9-6）。儿童在玩耍的时候，只要把正面及两个侧面抽出，就能和箱体内的停车场组成内容丰富的场景，其中警局、学校、医院可谓应有尽有。底部设计有排列规则的孔洞，各个部分可以通过插接进行固定，方便且安全。

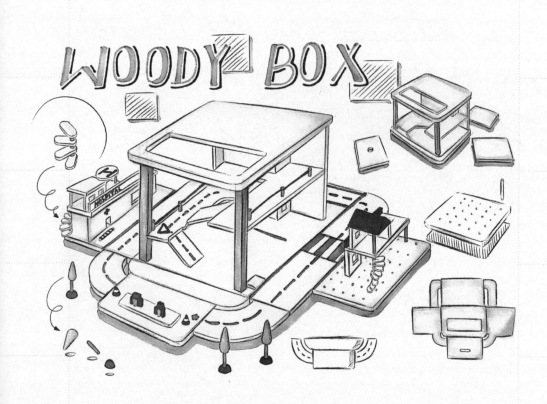

图9-6　最终方案

9.6.6 产品效果图

产品的组合、收纳以及展开结构如图9-7～图9-9所示，成品效果如图9-10所示。

图9-7 组合图

图9-8 收纳结构

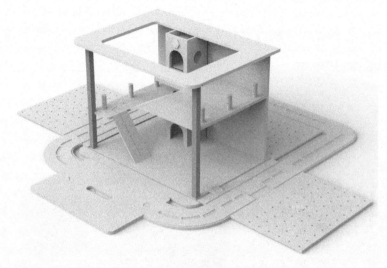

图9-9　展开结构

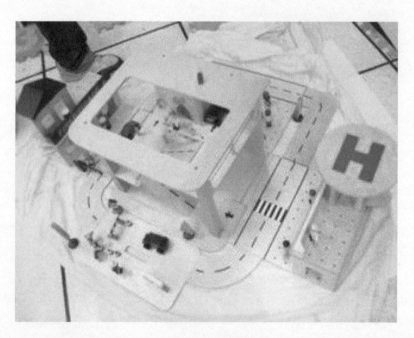

图9-10　成品效果

9.6.7 设计评价

该款玩具不仅仅是将交通场景创意地表现出来，还巧妙地将板材切割材料作为道路部分加以利用。收纳时可重新组装，形成一个呈正方体的玩具盒。

产品主体保留了胶合板原有的肌理，显得更具亲和力。配件则采用红、黄、绿等纯度较高的色调，不仅增强了玩具色彩的丰富度，又起到了很好的点缀作用。

材料主要选用胶合板，不易翘曲、变形、开裂；柱子和栏杆部分使用榉木，质地匀称，表面纹理细腻，能确保玩具的品质。

9.7 开封传奇·情景木制玩具

9.7.1 原点解读

开封，简称"汴"，是首批国家历史文化名城、中国五大古都之一、著名的八朝古都，历史文化底蕴深厚，孕育了上承汉唐、下启明清影响深远的"宋文化"，以清明上河园为代表的园林建筑闻名遐迩。其中历史上著名的包公断案故事在民间流传甚广，包公的智慧过人、谋略超群被广为传唱。

用儿童可接受的形式对传统文化进行再创作，不失为一个很好的玩具设计方向。以玩具为载体，从儿童的视角出发，考虑形态、功能、故事情节等因素，通过直接感受与间接隐喻相结合的方式，让儿童在玩耍中不知不觉地接受传统文化的熏陶。

9.7.2　思维导图

以"开封传奇"为主题构想出清明上河图、园林亭台以及包公判案等三个情景方向，再从中选定最被儿童熟知且最具开封文化特征的"包公判案场景"为目标，帮助儿童在自主创造判案场景的同时，了解开封传统文化，培养其判断是非的能力（图9-11）。

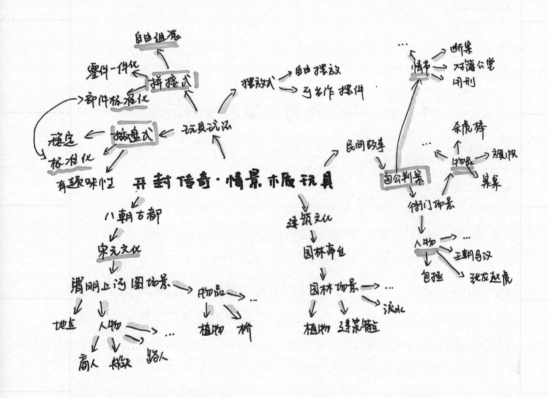

图9-11　思维导图

9.7.3 草图风暴

针对"包公判案场景",从地点、角色、动作、物品、情节五个方面进行创意深化,对玩具中所涉及的物品进行描绘(图9-12和图9-13)。

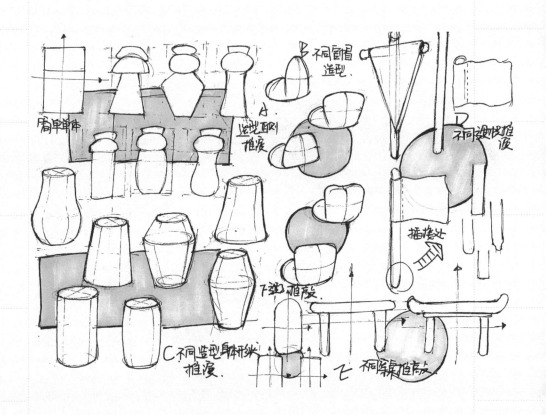

图9-12 草图风暴一

　　为区分人物形象，除了对人物的造型及头饰进行差异化设计外，还从豫剧脸谱中提取出相关元素，将"呆滞""正义""忠诚"等情感与人物形象相匹配。

图9-13　草图风暴二

9.7.4　初选方案

　　方案一是用造型来区分不同的人物角色，如包拯的造型为圆锥形，而其他侍卫的造型则统一为圆柱形，部件形式比较简单化、固定化，可辅助儿童记忆（图9-14）。方案二的人物造型统一采用圆柱

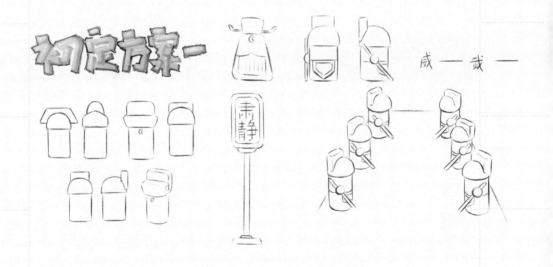

图9-14　初选方案一

形，主要根据头饰与脸谱表情来分辨人物的角色，其构件造型更加抽象化，同时增加了插板元素，减少了小物件的使用（图9-15）。

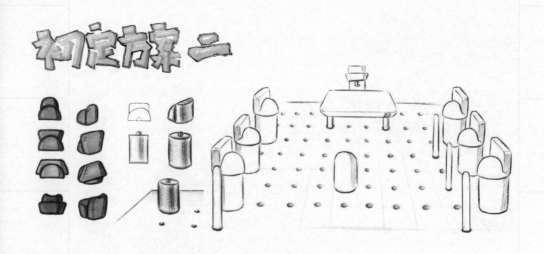

图9-15　初选方案二

9.7.5 最终方案

从产品的趣味性、产品生产的可行性等方面加以考量,最终决定对方案二进行细化设计(图9-16)。

人物主体为圆柱形态,根据头饰及脸谱表情来分辨人物角色;人物头饰与人物主体采用插接的方式,儿童可以根据自己的喜好布置场景,增加产品的灵活性与可玩性。

为保证生产的可行性,对产品中旗帜、案桌等部件尽可能地进行了抽象化设计表达;底部插接板为四块拼合,儿童可以根据自己对场景的想象,布置不同长宽的场景画面;以松木、胶合板为主要材料。

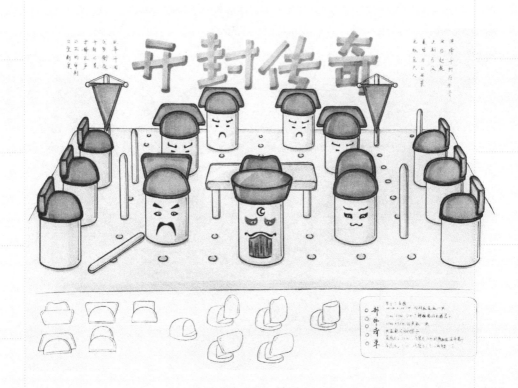

图9-16 最终方案

9.7.6　产品效果图

产品效果如图9-17～图9-19所示，配色方案如图9-20所示，爆炸图如图9-21所示。

图9-17　效果图一

图9-18　效果图二

图9-19　效果图三

PANTONE
Cool Gray 8C

PANTONE
346 C

PANTONE
1575 C

PANTONE
2925 C

图9-20　配色方案

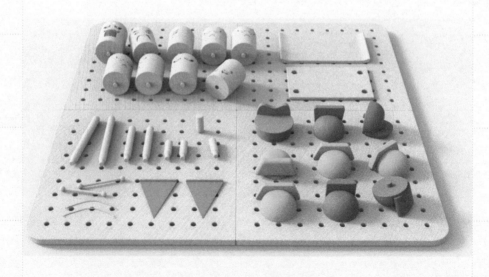

图9-21　爆炸图

9.7.7 设计评价

插接板的模块化，可以辅助搭建不同规模的场景。

基于中国传统文化设计的情景木制玩具极具市场生命力与品牌号召力，将包公判案的故事融入设计中使玩具更生动有趣。戏剧脸谱中的元素与人物形象相结合，有很好的文化传播作用。

为保证产品的灵活性，该设计的所有部件都是独立且可拼接的。儿童在组装拼接玩具时，能够很好地锻炼自身的耐心与手眼协调能力。同时模块化的部件，也提高了木制玩具的生产效率。

第10章　挑战自我

10.1　挑战自我解析

年龄段：5 ~ 7岁。

这一时期的儿童性情已经基本稳定，大脑得到进一步发育，自主意识和独立意识加强，对有竞争性和挑战性的事情感兴趣，带来的是胜利和失败意识的觉醒。在社交方面，会主动与其他小朋友交往，同爱好和性格相似的小伙伴更加要好，喜欢和固定要好的伙伴一起玩耍，合作意识加强，能够发表自己的看法、评价他人的观点，并能更好地与小伙伴配合进行创造性活动。

10.2　认知特点

- 对时间概念的认知得到了进一步发展，能够了解一年四季的名称与区别。
- 对事物的专注度提升，5岁后集中注意力的时间达到15分钟左右，6岁后能够达到20分钟左右，观察能力、解决问题的能力加强。

- 加深对规则和纪律的认识，比如在幼儿园午间要到小床上睡觉、下棋时要根据棋的规则进行。

- 达到2500多个词汇量，与他人的沟通能力越来越好，会用肢体、语言、绘画等方式表达自己的情感，能够理解一些抽象的概念，比如"关心"。

- 考虑问题具有逻辑性，对看过并记住的事情能够有条理地向家长描述其发展过程。

10.3 行为特点

- 能熟练地运用彩铅、蜡笔等工具在纸上绘画，会用剪刀沿着固定的线路裁剪纸张，或者自己构思绘制简单的图形并进行裁剪。

- 在竞争性游戏中，胜负心较强，具体表现为有时不肯认输，要求再多玩几遍。

- 在与小伙伴玩游戏的过程中不仅会观察游戏本身，也会观察他人的情况，同时还会积极思考存在的问题，寻找解决方案。

- 能根据指令和要求灵活、快速地参与到体育活动中。

- 能参与到简单的家务活动中，但是做事情还比较粗心，不够仔细。

10.4 设计要点

- 玩具设计中制定的规则不能复杂，应清晰简单，以能够让儿童易于理解为准。

● 带有竞技类游戏玩具的设计要注意儿童活动过程中的安全性，并且设计的活动场地范围不宜过大，且能小则小。

● 玩具的设计还应注意对儿童合作能力、观察能力、问题解决能力的培养。

10.5 玩具类型

这一时期适合那些竞技比赛类、有技巧性，且具备一定挑战性的玩具，如球类、滚铁环、画板、棋类、乐高、牌类以及复杂点的拼图等。

10.6 DIY架子

10.6.1 原点分析

DIY的全称为do it yourself，指自己动手创造出属于自己的独一无二的产品。DIY类玩具可以帮助儿童开发智力，培养他们的耐心、创造力、动手能力、手眼协调能力以及观察能力等。当儿童与父母一同进行DIY创作时，还可以拉近父母与儿童之间的距离，增进亲子关系。

DIY架子以"鼓励孩子自主创造"为设计理念，在设计时要尽可能地使产品标准化及模块化，为使用者留有更大的创作空间。

10.6.2　思维导图

基于这个阶段儿童的成长需求以及DIY类玩具的设计特点，对"DIY架子"所涉及的"主要支承件""色系""正负形""成型造型"等主体要素进行了分析（图10-1）。

在对所提出的关键词进行挑选与整理时，秉持"以简单个体DIY复杂造型"的理念，选出"单杆""自由布局""旋转""彩虹色"等设计关键词，以便为之后的创作提供方向。

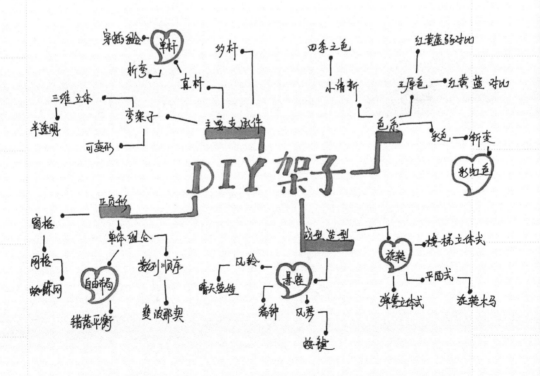

图10-1　思维导图

10.6.3　草图风暴

　　对思维导图中所提及的"单杆"这一关键词，进行造型推演（图10-2）。从简单的柱体出发进行造型的设计，单杆的造型简洁大方，保证了其易搭建性。同时还研究了各个单体之间的连接组合方式，并对单体的最终搭建形态进行了多种预设。

图10-2　草图风暴

10.6.4　初选方案

　　方案一是以框架为DIY玩具的主体，DIY单体可组装在主体的横梁上，以横梁为中心进行360°的旋转，呈现出各个不同的角度（图10-3）。方案二主要是以一个柱体为其主体部分，儿童可以根据

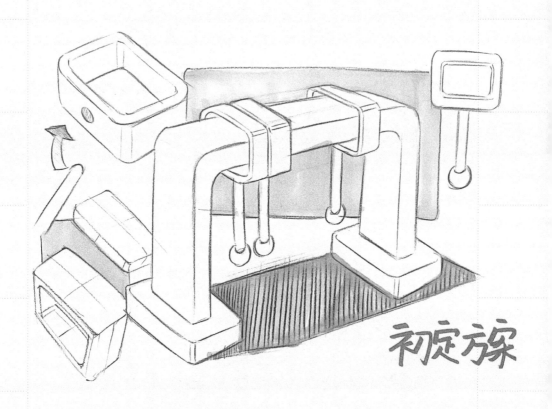

图10-3　初选方案一

自己不同的想法对其进行角度的旋转、造型的搭建等创造性活动。
以竖直的柱体为产品的主体，可方便对DIY单体的拿取（图10-4）。

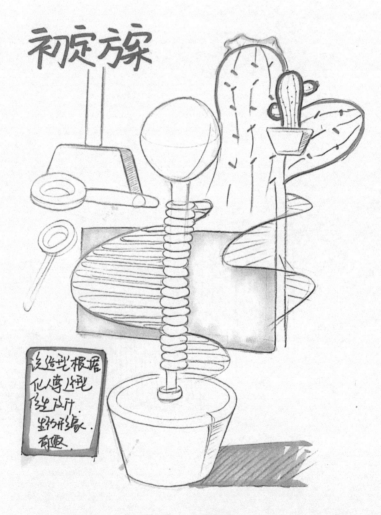

图10-4　初选方案二

10.6.5 最终方案

　　最终方案是在方案二的基础上，进行细化设计而成的。该款
DIY畅想架子的设计亮点在于单体不仅可以规矩地分布在主体上，
还可供儿童根据自己的创意，对主体进行无限的延伸，从而多方位、
多角度地进行拼接。利用单体的自重，可以不加另外的结构件，也
能保证单体抓握在主干上。更换底座后，还可以当平衡玩具使用。

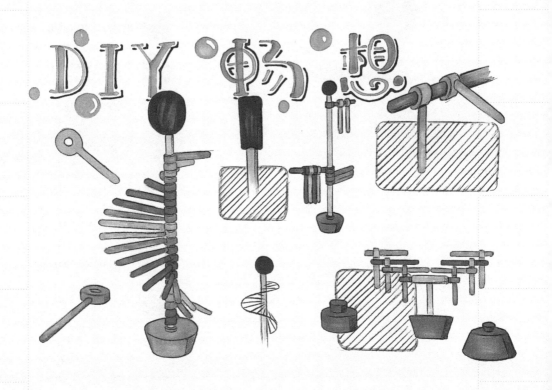

图10-5　最终方案

10.6.6 产品效果图

配色方案如图10-6所示，效果如图10-7所示。

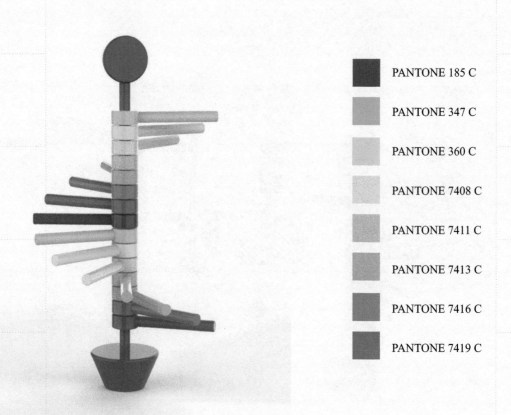

图10-6 配色方案

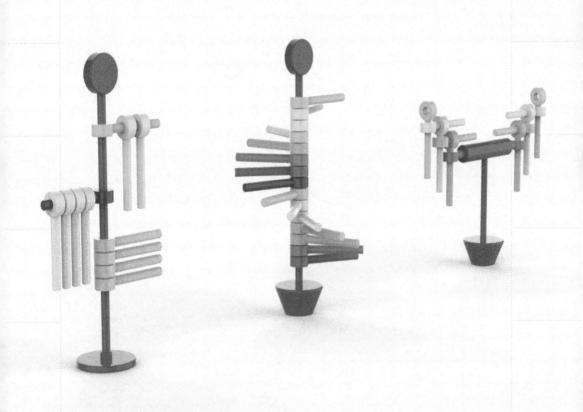

图10-7　效果图

10.6.7 设计评价

该款产品充分考虑了单体组合的可能性，通过增加配件和更换底座，顺利转换了玩具功能。同时利用了材料自重与摩擦力的关系，构思巧妙。

考虑到儿童对色彩的敏感度，采用了彩色系，能有效建立构件之间的逻辑联系，增加了玩具的可玩性。

10.7 桌游

10.7.1 原点解读

此阶段的儿童大脑进一步发育，对有竞争性、挑战性的事物兴趣很浓，胜利和失败的意识开始觉醒，喜欢与小伙伴们共同进行挑战性和创造性的活动，且互动意识强。棋类玩具是这一时期十分受青睐的产品，儿童已有保护自我的意识，不会出现误食吞咽的情况。

棋类玩具的设计首先要满足互动的要求，同时制定游戏规则及胜负评判标准不宜太难，以通俗易懂为主。

10.7.2　思维导图

选取传统桌面游戏——传统棋类玩具进行再设计（图10-8），应考虑可供多人同时玩耍。这一阶段鲜艳的色彩对儿童的吸引力优势已不太明显，所以对色彩搭配方式要求不高。思维导图重点探讨了功能延伸的可能性，以便后续在制定游戏规则时更加轻松。

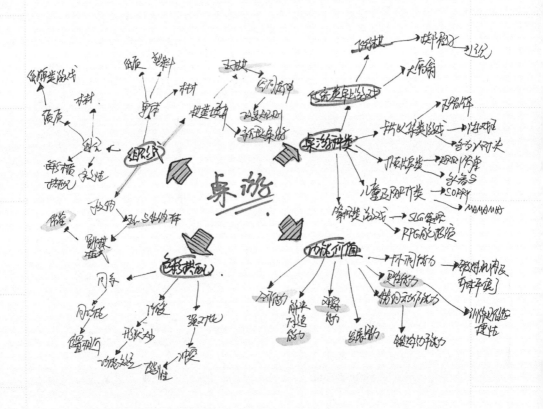

图10-8　思维导图

10.7.3　草图风暴

　　针对思维导图提炼出的关键词，结合棋类玩具造型以及使用方
式进行深入探索（图10-9）。从棋盘的形状、大小、功能区分以及初
步的游戏规则着手展开联想。

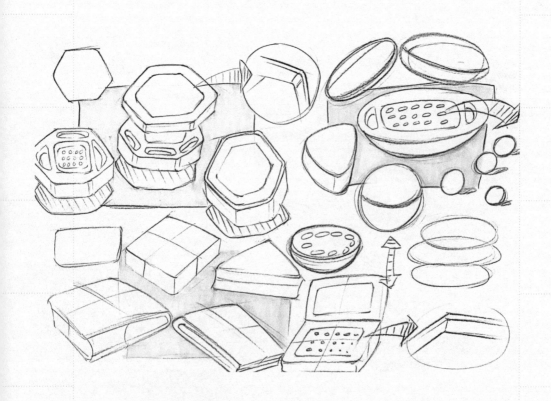

图 10-9　草图风暴

10.7.4　初选方案

　　方案一为正方形造型，盖子和底盘连接，倒边处理圆润（图10-10）。方案二为五边形造型，在棋盘上划分出不同的功能区域，以方便棋子的存放（图10-11）。

图10-10　初选方案一

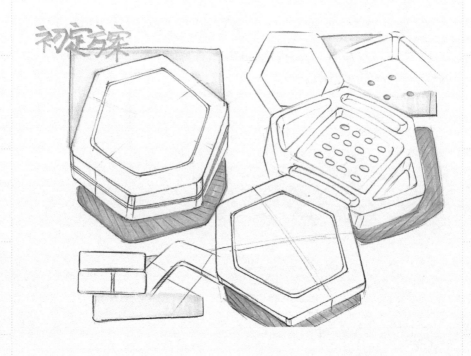

图10-11 初选方案二

10.7.5 最终方案

在初选方案的基础上，对方案二的细节部分以及整体造型做了进一步推敲（图10-12）。这是一款竞技性双人棋类玩具，采用双色木质彩球，在棋盘上划分出不同的区域，实现了玩耍和临时储藏的功能。另外，该玩具在玩法上也进行了突破。

游戏规则：

● 游戏中，每个玩家有15个同一色的小球。每人一步，轮流下棋。

● 当有四颗球形成正方形时，可以在上面叠加一个，该球可以是已经放在棋盘上的，也可以是场下的，但不可把已被对方色球压住的抽出来。

- 当同一平面有四颗自己颜色的球形成正方形时，可以选择把场上一颗或两颗自己的球放回场下，同样不可以把已被对方色球压住的抽出来。

- 以此类推，最后站在最高点的球一方为胜利方。

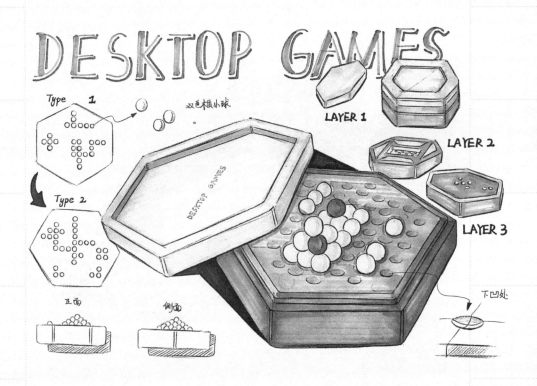

图10-12　最终方案

10.7.6 产品效果图

产品效果如图10-13所示。

图10-13 效果图

10.7.7　设计评价

　　该款产品依托中国传统棋类游戏进行重新创作，棋盘设计兼具收纳功能，解决了棋子存放的问题。同时制定了玩具规则，有一定的挑战性和趣味性。

第11章　大收藏家

11.1　大收藏家解析

年龄段：7岁以上。

这一时期的儿童大都已经进入小学，由于吸收了语文、数学等学科的知识，他们的文化知识、记忆能力、认知技能呈爆发式增长，思维、活动和社交技能也更为复杂。

11.2　认知特点

- 阅读能力发展迅速，前期需要拼音配插图阅读书本，三年级后基本上不需要拼音和插图就能阅读文字简单的长篇文章，且能较为准确地描述大致意思。

- 数学能力进一步发展，从简单的加减法到乘除法，随着年级的增长运算能力也快速提高。

- 开发出了幽默思维，会将看到过的笑话、谜语转述给他人，也会自创笑话和谜语，与他人分享快乐。

- 开始不会单一的以自我为中心，意识到不同的人会对某个事物得出与自己不同的结论，在与其他人交流的过程中能从对方的视角看待事情。

- 从学前阶段的以具象思维为主的思维模式过渡到以抽象思维为主的思维模式，并逐渐形成完整的思维结构。

11.3 行为特点

- 在关注事物方面，从低年级随机的无意识注意过渡到有意识的注意，基本上从3～4年级开始注意在观察事物行为中占主导。

- 随着专注力的持续增强，他们在做作业的时候有可能会开小差，但是在自己选定的事情上会更加专注，能花更长的时间去完成。如一个儿童喜欢画画，他（她）可能每天都会拿起画笔画画并乐在其中，直到画作完成才结束。

- 在低年级的时候会将自己取得的成果与家人分享，也会对其进行讲解与评价，并希望得到认可与尊重。在向高年级的过渡中，会偏向独立性和成人感而不主动分享。

- 接触社会越来越广，但对人际关系的处理、信息的处理和选择还非常不成熟，不善于进行正确的辨析，需要大人的帮助和引导。

- 大部分儿童会形成自己独特的爱好，比如有的喜欢画画、有的喜欢书法、有的喜欢收藏，有的甚至喜欢稀奇古怪的事物。

- 进入小学后，儿童得以有机会与他人做比较，成人必须给儿童提供机会，使其体验成功，充满自信，并保持热情和创造性。

- 随着身心的全面发展，大多数儿童会形成个人的爱好，这种爱好投射到玩具中，显现出对个性玩具的偏好，乃至会收藏造型、玩法独特或具有纪念意义的玩具。

11.4 设计要点

● 玩具的设计不只注重玩法，还要适应学龄儿童的心理发展变化，在造型、交互上体现出个性化与自我认同。

● 基于儿童有基本固定的爱好，有基本固定的"偶像"，他们开始收藏自己的挚爱，因此设计中更应该关注儿童感兴趣的动画片、动漫影视等。

11.5 玩具类型

这一时期的儿童慢慢会对学龄前的玩具失去兴趣，开始对一些独特的玩具更加专一专注。除了常规的玩具外，特别需要关注儿童的爱好，如科教玩具、陈设玩具、收藏玩具、表演玩具等。

11.6 小小驾驶员

11.6.1 原点解读

陈设玩具是一个新的玩具设计方向，强调玩具兼具装饰或收藏的作用。

在实际设计中，可玩性、娱乐性被弱化。

结合这一时期儿童的生理、心理特点，可重点考虑动漫周边产品。

11.6.2　思维导图

　　围绕"小小驾驶员"主题，以驾驶类型、驾驶员形象、搭建方式以及色系选择四个方面为设计切入点（图11-1）。驾驶类型主要考虑陆地交通以及空中交通。驾驶员形象则注重简化与局部提取，比如只选取头部或上半身形体。色彩选择可以多样化，以实现其装饰性的作用。

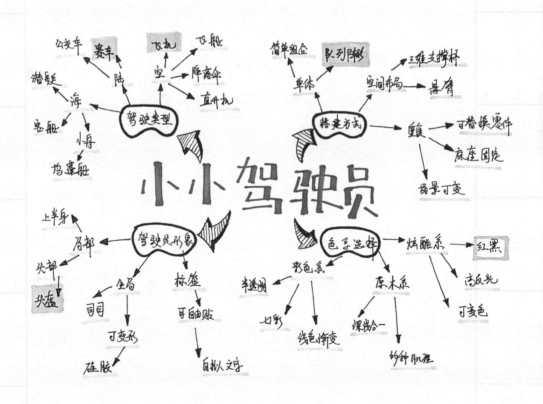

图11-1　思维导图

11.6.3　草图风暴

以跑车和飞机作为原型进行细化，采用大倒角设计，使造型更为圆滑。关注轮胎材质多样化及连接方式，对各个部件进行拆解，以便分析其工艺成熟度（图11-2和图11-3）。

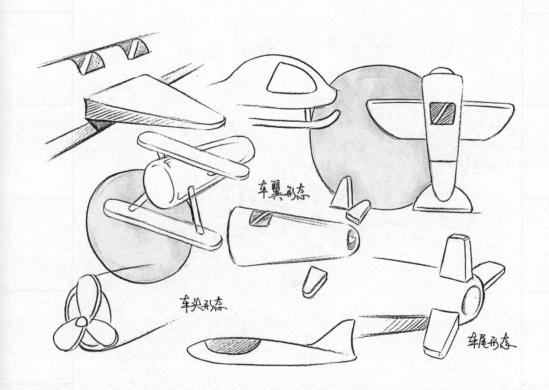

图11-2　草图风暴一

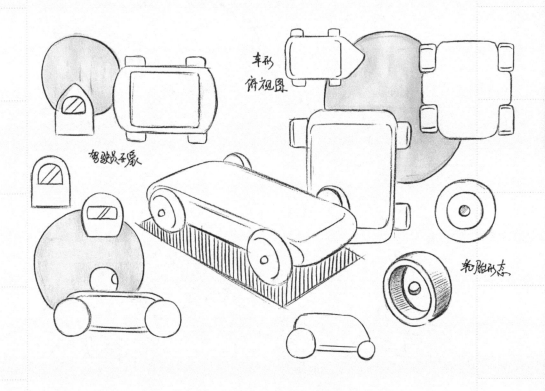

图 11-3　草图风暴二

11.6.4　初选方案

　　将草图推敲中的造型细节加以细化（图11-4）。为了让赛车和飞机的造型看起来更加统一，应用曲率相同或相近的倒角和弧面，尽量保持形态一致。驾驶员形象采用局部提取（头部），可以替换。

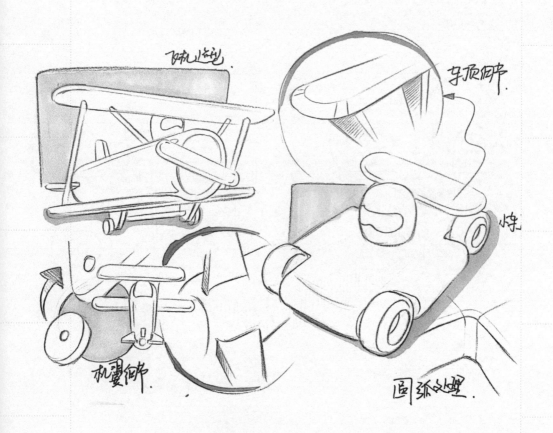

图11-4　初选方案

11.6.5　最终方案

最终方案尝试高明度的红色与灰色系结合以及原木色混搭（图11-5）。除了胶粘的永久性连接方式，部分构件之间还使用传统的穿插式连接，以保持玩具局部的可拼搭性。

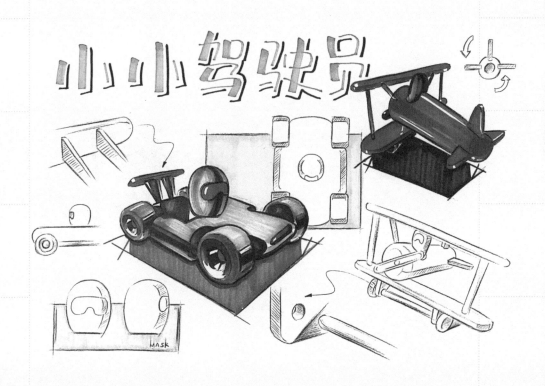

图 11-5　最终方案

11.6.6　产品效果图

　　一款用红黑色系，端庄稳重，一款尝试用原木色，体现木材本有的肌理，深浅木纹的两相对比，使玩具视觉效果更佳（图11-6和

图11-6　效果图一

图11-7）。

凸显了产品的轮廓，体现了其精美度，收藏性更强。

图11-7 效果图二

11.6.7　设计评价

"小小驾驶员"探索了陈设玩具的可能性，与传统木制玩具相比，它具备了装饰甚至收藏的功能。

随着儿童年龄的增加，此阶段的儿童基本都有固定的爱好，期待通过相关物品展示自我的认同，小小的收藏品就是很好的载体。

这款作品以跑车、飞机为原型，选择了桦木和榉木材质，表面以清漆涂饰，保留了木纹的本体视觉效果，使产品品质更加高端。

后记

从事竹木产业多年，总想留下点什么，书稿的完成算是遂了多年的一个心愿。从纯粹的玩具设计教学到从事地方科技服务，结识了很多木制玩具界企业家、客商、设计师等人，从他们身上深切地感受到对这份产业的热爱、执着和骨子里透出的坚韧，也非常庆幸自己当初选择了这一产业作为研究方向。

在写作过程中，得到了各路木玩"大咖"的鼎力支持。

首先，要感谢云和、龙泉等地的木制玩具企业和企业家，浙江恒祥玩具有限公司、浙江金尔泰玩具有限公司、浙江龙声玩具有限公司、浙江巧之木玩具有限公司、浙江克米奇玩具有限公司等。永远充满激情的项世平董事长；每天笑迎万物的游小卫董事长；用情怀做事的"创二代"叶少青董事长；木玩电商"大佬"马克顺董事长；外乡创业的"励志哥"何小勇董事长等均是学习的榜样。

其次，要感谢百利威中心的老师和学生。陈国东、王军老师尽职尽责协助教学，努力带好学生，积极谋划实践项目；历届学生认真学习，不放过一切实训机会。老师和学生共同撑起了百利威中心的内涵。

再次，要感谢我的研究生团队。任荣荣、王影、黄新媚、陈样子、鲁文莉、吴梦芸等同学牺牲了课余时间，走企业、下车间，共同为本书提供各类素材。

最后要特别感谢"引路人"潘荣教授和廖宏欢师姐。从本科到研究生最后变成同事，一路受益于潘老师的谆谆教诲；廖师姐百忙之中为本书稿把脉诊断，提出了非常多的专业建议。

本书资料积累时间长，但写作时间比较仓促，还有很多不足和遗憾，希望这是一个起点，期待下次补充改进。

陈思宇

2020年5月于杭州

参考文献

[1] 陈思宇. 木制玩具设计发展趋势探索 [J]. 新西部，2009，
（08）：152.

[2] 陈思宇，王军. 产品设计材料及工艺 [M]. 北京：中国
建筑工业出版社，2013. 10.

[3] 陈思宇. 幼儿阶段的玩具选择 [J]. 工业设计与艺术设
计，2006. 08.

[4] 陈思宇. 基于教学的木制玩具设计研究及实践探索 [D].
杭州：浙江理工大学，2011.

[5] 凯瑟琳·费希尔著. 儿童产品设计攻略 [M]. 上海：上
海人民美术出版社，2003. 02.

[6] 潘荣，李娟. 构思·策划·实现. 第二版 [M]. 北京：中
国建筑工业出版社，2009. 12.

[7] [美]Jonathan Cagan，Craig M. Vogel. 创造突破性产
品——从产品策略到项目定案的创新 [M]. 辛向阳，潘
龙译. 北京：机械工业出版社，2003. 10.

[8] 何晓佑. 设计问题 [M]. 北京：中国建筑工业出版社，
2003. 12.

[9] 张学龙. 谈玩具设计专业行业现状分析及专业建设对策[J]. 教师，2010，（07）.

[10] 仲玉凯. 玩具品质与设计指引[M]. 北京：化学工业出版社，2005. 9.

[11] GB/6675-2014. 玩具安全.